C.H.BECK WISSEN
in der Beck'schen Reihe
2010

Das Gehirn des Menschen enthält Strukturen, die als Teile eines inneren „Uhrwerks" verschiedene lebensbestimmende Rhythmen erzeugen. Dieses in jedem Menschen – und einer Vielzahl höherer Tiere – vorhandene Regelungssystem trägt entscheidend dazu bei, Funktionen und Verhaltensmuster des Organismus aufeinander abzustimmen. Wie grundlegend diese Steuerungsmechanismen für das Leben der Menschen von der (vorgeburtlichen) Kindheit bis zum hohen Alter sind und welche gravierenden Folgen eine Störung dieses feinen Wirkungsgeflechts für den Betroffenen haben kann, zeigt der Autor in seiner kurzen, klaren und gut verständlichen Einführung in die „Chronobiologie".

Der Autor, *Alfred Meier-Koll,* ist Professor der Fachgruppe Psychologie an der Universität Konstanz. Er ist Spezialist für physiologische Psychologie und Neuropsychologie; sein Hauptarbeitsgebiet ist die biologische Selbstorganisation des Gehirns.

Alfred Meier-Koll

CHRONOBIOLOGIE

Zeitstrukturen des Lebens

Verlag C. H. Beck

Dem Andenken meiner Eltern

Mit 30 Abbildungen im Text

Die Deutsche Bibliothek – CIP-Einheitsaufnahme

Meier-Koll, Alfred:
Chronobiologie : Zeitstrukturen des Lebens / Alfred Meier-Koll. – Orig.-Ausg. – München : Beck, 1995
  (Beck'sche Reihe ; 2010 : C. H. Beck Wissen)
  ISBN 3 406 39010 2
NE: GT

Originalausgabe
ISBN 3 406 39010 2

Umschlagentwurf von Uwe Göbel, München
© C. H. Beck'sche Verlagsbuchhandlung (Oscar Beck), München 1995
Gesamtherstellung: C. H. Beck'sche Buchdruckerei, Nördlingen
Gedruckt auf alterungsbeständigem (säurefreiem),
aus chlorfrei gebleichtem Zellstoff hergestelltem Papier
Printed in Germany

Inhalt

Vorwort 7

1. Die Erfindung der Zeit 9
Die Zeit als kognitives Konzept 10
Der Ursprung des Zeit-Konzepts 12
Die Welt der frühen Jäger und Sammler 15
Zeitstrukturen einer Jäger-Sammler-Gemeinschaft 17
Verhaltenszyklen nicht-menschlicher Primaten 27
Hormonelle „Gezeiten" 31
Ein Computer simuliert Corocito 34

2. Zeitprogramme des Überlebens 40
Transplantierte Zeitprogramme 42
Die Ökologie der Wühlmäuse 44
Wo ist das „innere" Uhrwerk angelegt? 51

3. Das Gefüge biologischer Rhythmen 55
Die komplexe Zeitstruktur einer Zyklothymie 56
Endogene Rhythmen des Schlaf-Wach-Verhaltens 60
Interne Desynchronisation 64
Ein Computer ahmt das System circadianer
Oszillatoren nach 66
Ein ultradianer Zyklus des Schlafes 71
Der REM-Schlaf als Thermostat 72
REM-Schlaf und Depression 75
Die „Erfindung" des REM-Schlafes 75
REM-Schlaf, Lernen und Gedächtnis 78
Die „Landkarten" des Hippocampus 79

4. Biologische Zeitstrukturen der frühkindlichen
Entwicklung 81
Das Neugeborene – kein unbeschriebenes Blatt 81
Der REM-Schlaf des Neugeborenen 87

REM-Schlaf und erstes Lernen	94
Die Entwicklung des Schlaf-Wach-Verhaltens	95
Ultradiane und circadiane Rhythmen weben das Muster von Schlaf und Wachen	98
Ein Computer simuliert das Schlaf-Wach-Verhalten des Kindes Korbi	102
Ultra- und circadiane Rhythmen als Uhrwerk der frühkindlichen Reifung des Nervensystems	104
Kaskadensprünge	108
5. Anhang	113
Literaturverzeichnis	113
Glossar	116
Abbildungsverzeichnis	118
Register	121

Vorwort

Dieses Buch handelt von der *Zeit*. Der Mensch hat für sie ein eigenes gedankliches Konzept entwickelt, mit dessen Hilfe er den Fluß der Ereignisse zu ordnen versteht. Seine Fähigkeit, Vergangenes als Erinnerung gegenwärtig zu halten und Zukünftiges vorauszuplanen, zeichnet den Menschen vor anderen Lebewesen aus. Gleichwohl erweist sich auch das Leben von Tieren und Pflanzen in erstaunlicher Weise zeitlich geordnet und vorbestimmt. Alle Organismen, so scheint es, sind mit „inneren Uhren" ausgestattet. Sie sind selbst Bestandteil des biologischen Wirkungsgefüges, welches einen jeden Organismus erhält, und prägen diesem verschiedenartige Rhythmen auf. Endogene Rhythmen spielen eine wesentliche Rolle für die Entwicklung und Selbstorganisation alles Lebenden. Leben ist ein Ensemble von Rhythmen. Mit diesem biologischen Aspekt von *Zeit* beschäftigt sich die *Chronobiologie*. Auch dem Menschen ist ein „Uhrwerk" endogener Rhythmen zu eigen. Es bestimmt die frühe Entwicklung des Kindes und gibt dem erwachsenen Menschen ungeachtet seiner kognitiven Zeitplanung ein biologisches *Zeitraster* vor, darin sich unterschiedliche Muster seines Verhaltens eingebettet finden. Ist das funktionale Gefüge endogener Rhythmen gestört, können sich Erkrankungen einstellen, deren Symptomatik, wie im Fall der Zyklothymie, einem charakteristischen, zeitlichen Muster folgt. Vermutlich haben biologische Rhythmen und Zeitstrukturen das Leben prähistorischer Vorfahren des Menschen bestimmt, lange bevor es diesen gelang, erstmals ein gedankliches Konzept von Zeit zu bilden. Anhand ausgewählter Beispiele wird gezeigt, welche Bedeutung die Forschung nach dem Ursprung biologischer Zeitstrukturen für Anthropologie, Medizin und die Entwicklungsbiologie des Menschen hat.

1. Die Erfindung der Zeit

Die Sammlung des Naturhistorischen Museums in Paris enthält ein kleines, außergewöhnliches Kunstwerk. Es war um das Jahr 1880 am Ufer eines Flusses nahe Montgaudier in Frankreich ans Tageslicht gekommen. Seine Entstehung läßt sich auf die späte paläolithische Eiszeit, 10000 Jahre vor unserer Gegenwart, datieren. Es ist die Geweihsprosse eines Rentieres. Ihr breiteres Ende wurde durchbohrt, wohl in der Absicht, das Stück nach Art eines Amulettes an einer Schnur zu tragen. In seiner Oberfläche finden sich wirklichkeitsgetreue Bilder verschiedener Tiere eingeritzt. Auf eine Zeichenebene abgerollt, zeigt die Komposition ihre delikate Schönheit (Abb. 1–1). Da sind zwei Seehunde, Männchen und Weibchen, wie ihre Gestalt verrät, und zwei Schlangen. Vor den Seehunden schwimmt ein Fisch. An seinem Unterkiefer läßt sich ein Haken erkennen, ein Merkmal, welches den Fisch als einen männlichen Lachs kennzeichnet.

Zwischen dem Fundort Montgaudier und der Küste liegen mehr als einhundert Kilometer. Während der späten Altsteinzeit, als große Teile der ozeanischen Wassermassen in den Eiskappen der Pole gebunden waren, lag die Küste noch weiter westlich als heute. Die Menschen von Montgaudier waren demnach inländische Rentierjäger und keine küstenbewohnenden Fischer. Wie vermochten sie dann marine Tiere derart naturgetreu zu zeichnen?

Der Lachs verläßt das wärmere Salzwasser des Ozeans, sobald die erste Schneeschmelze des beginnenden Frühlings kaltes Wasser die Flüsse hinab zur Küste ergießt. Diese Schmelzwasser erreichen die Flußmündungen gegen Ende März, wenn die erste große Springflut Mengen Salzwassers flußaufwärts trägt. Zu dieser Zeit beginnt die Wanderung der Lachse, der erste Fisch des Jahres, und oftmals folgen ihnen Seehunde die Flußmündung aufwärts, um nach ihnen zu jagen. So bekommen gelegentlich auch Bewohner des Inlandes Seehunde zu Gesicht. – Wenden wir uns dem Paar gewundener Schlangen zu. Viele

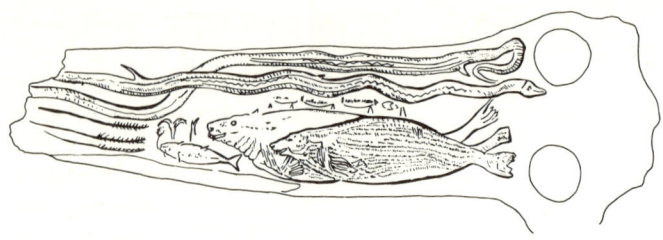

Abb. 1–1: Jahreszeit-Komposition auf der Geweihsprosse eines Rentieres. Paläolithischer Fund im Magdalenien Stil, genannt Bâton (Kommandostab) von Montgaudier.

Schlangenarten Europas erwachen im Frühjahr aus dem Winterschlaf und beginnen sich zu paaren. Wenn also Lachs und Seehund gemeinsam erscheinen und Schlangen Paare bilden, steht der Frühling bevor. Die Komposition der feinen, detailgetreuen Tierbilder, welche ein Künstler der späten Eiszeit in die Geweihsprosse geritzt hat, darf als Blatt eines prähistorischen Kalenders gelesen werden. Es bezeichnet den Beginn des Frühlings. Offensichtlich hatte bereits der Mensch des späten Paläolithikums eine weitreichende Vorstellung von Zeit entwickelt, die über den Tag hinaus langfristigen, saisonalen Abläufen in seiner Umwelt Rechnung trug. Zum anderen zeigt die Komposition der Tierbilder, worin sich Zeit unserer Wahrnehmung erschließt: Wir bemerken, daß in der Natur Ereignisse wiederholt zusammentreffen, behalten die Folge solcher Koinzidenzen im Gedächtnis und setzen sie in Gedanken fort.

Die Zeit als kognitives Konzept

Vergangene Szenen gedanklich in die Gegenwart zu holen und daraus Zukünftiges zu erschließen, erfordert ein erstes Konzept von Zeit. Der Mensch vermag viele Konzepte zu bilden: Kausalität, Gleichheit, Verschiedenheit, das Runde, das Eckige und andere. Sie alle helfen die Vielfalt der Erscheinungen zu ordnen. Die *Zeit* aber beansprucht unter ihnen eine Sonderstellung. Suchen wir den Verzweigungspunkt, an welchem sich die kognitive Evolution des Menschen von derjenigen seiner biologisch

Nächstverwandten, den großen Menschenaffen, getrennt haben könnte, wäre der Augenblick zu nennen, da ein Vorläufer des heutigen Menschen erstmals die Konzeptualisierung von Zeit gemeistert hatte. Seine Fähigkeit, Vergangenes und Zukünftiges denken und mit seinesgleichen darüber reden zu können, unterscheidet den Menschen von anderen Primaten. Dies wird deutlich, wenn wir eine spezielle, jedoch grundlegende Eigenschaft ins Auge fassen, die Operation der *Verschiebung*, ohne die Menschen nicht denken und reden könnten, wie sie es tun. Zweifellos spielt die Sprache eine entscheidende Rolle in unserem Denken, und diese Sprache unterscheidet sich grundsätzlich von Kommunikationssystemen anderer Arten, mögen sie auch hochgradig spezialisiert sein. Die Kommunikation von Vervetaffen, einer in Kenia beheimateten Art, mag hier als ein Beispiel dienen (Seyfarth et al., 1980). Die Tiere verfügen über verschiedene Warnrufe. Begegnet ein Tier einer Gefahr, vermag es seine Artgenossen nicht nur auf die Gefahr im allgemeinen hinzuweisen, sondern auf die besondere Art von Gefahr, welche alle bedroht. Wenn ein Gruppenmitglied einen Adler sieht, stößt es einen „Adlerruf" aus, sieht es eine Schlange, warnt es mit einen „Schlangenruf", begegnet ihm ein Leopard, gebraucht es einen eigenen „Leopardenruf". Dementsprechend reagieren die gewarnten Artgenossen. Bei einem „Adlerruf" ducken sie sich unter das Blätterdach, während sie beim „Leopardenruf" die Flucht in die höchsten Baumregionen ergreifen, und vor einer Schlange gewarnt, suchen sie aus sicherer Höhe den Boden ab. Die Tiere verwenden verschiedene Laute, um damit verschiedene Objekte zu bezeichnen. Sie „benennen" gleichsam unterschiedliche Arten von Raubfeinden und gebrauchen ihre Laute nicht sehr verschieden von dem, was in der menschlichen Sprache geschieht. Es wurde jedoch niemals beobachtet, daß einer der Vervetaffen einen „Adlerruf" zu einem anderen Zeitpunkt ausgestoßen hätte, als dem unmittelbaren Augenblick, da er tatsächlich einen Adler gesichtet hatte. Die verschiedenen Warnrufe weisen auf eine unmittelbare Wahrnehmung hin und veranlassen die Gruppe der Artgenossen, sich unverzüglich in angemessener

Weise zu verhalten. Niemals aber gebraucht ein Vervetaffe seinen „Adlerruf", um seine Artgenossen an einen Adler zu erinnern, der vor zehn Minuten vorbeigeflogen war, oder um darauf hinzuweisen, daß ihnen tags zuvor im benachbarten Tal bereits Adler begegnet waren und dort in Zukunft wieder anzutreffen wären. Könnten die Tiere dies tun, ließe sich sagen, ihr Warnruf hätte die Eigenschaft der *Verschiebbarkeit*. Er könnte dann auf Objekte und Ereignisse hinweisen, welche außerhalb der unmittelbaren Gegenwart in Raum und Zeit verschoben sind.

Der Ursprung des Zeit-Konzepts

Das kleine Kunstwerk von Montgaudier wird uns nicht zu dem Schluß verleiten, der Mensch des Paläolithikums sei als erster darin erfolgreich gewesen, die Zeit als Konzept zu fassen. Die *Zeit* wurde wohl viel früher erfunden. Ihre Konzeptualisierung aber setzt eine *Verschiebbarkeit* von Begriffen voraus, die auch als Kennzeichen der menschlichen Sprache gelten muß. Der Ursprung von *Zeit* mag daher an jener unbekannten Schwelle liegen, an welcher frühe Vorläufer des *Homo sapiens sapiens* die biologischen Grundlagen eines der menschlichen Sprache ähnlichen Kommunikationssystems erworben hatten. Zweifelsohne vermögen nicht-menschliche Primaten, Affen wie Menschenaffen, kognitive Konzepte zu bilden und bestimmte Verhaltensweisen als Symbole einzusetzen, um damit auf Eigenschaften ihrer Umwelt hinzuweisen (Reynolds, 1983; Savage-Rumbough et al., 1986). Zumindest konnte verschiedenen Vertretern der großen Affen erfolgreich gelehrt werden, Gesten, Plastikscheibchen oder Keyboard-Zeichen symbolisch zu gebrauchen und sich so ihren menschlichen Tutoren mitzuteilen (Gardner et al., 1989; Premack, 1976; Terrace, 1979). Diese Studien belegen, daß zumindest Schimpansen und Bonobos Dinge und Eigenschaften ihrer Umwelt gedanklich abbilden und bestimmte Verhaltensweisen benutzen, sich darüber zu verständigen. Manche der großen Affen scheinen somit an der Schwelle für die Entwicklung einer der unseren ähnlichen Sprache zu stehen. Gleichwohl haben sie es nicht getan. Was hielt sie zurück?

Einer der Gründe mag darin liegen, daß alle nicht-menschlichen Primaten ein Leben führen, in welchem jedes Individuum parallel zu anderen agiert. Alle Mitglieder einer Horde bewegen sich zusammen auf denselben Pfaden durch ihren Lebensraum, und einzelne Tiere trennen sich nicht vom Kern des Trupps, jedenfalls nicht für längere Zeitabschnitte. Die Tiere erfahren daher dieselben Ereignisse und teilen dieselben Ziele. Solange zwei oder mehr Individuen ein gemeinsames Ziel anstreben und dasselbe erfahren, erübrigt es sich, auf Gegenstände an weit entfernten Orten und zeitlich getrennte Ereignisse zu verweisen. Ein Kommunikationssystem mit *Verschiebung* erstehen zu lassen, bedurfte es einer tiefgreifenden Änderung der sozialen Organisation.

Dies geschah wahrscheinlich, nachdem einige Affenarten des Miozäns damit begonnen hatten, geschlechtsspezifische Strategien der Nahrungssuche anzuwenden. Der Vorteil ist offenkundig: Die Männchen konkurrieren nicht länger mit den Weibchen und ihren eigenen Nachkommen um lokale Nahrungsquellen. In der Tat betreiben manche der heute lebenden Affen ihre Nahrungssuche getrennt nach dem Geschlecht. So fressen bei einigen baumbewohnenden Arten die Männchen bevorzugt in den unteren Etagen des Waldes und überlassen den Weibchen und Jungtieren die höheren Bereiche unter dem Kronendach (Struhsaker and Oates, 1979). Als das Klima vor 15 Millionen Jahren trockener wurde und sich die Wälder zunehmend in mosaikartige Savannen und Buschlandschaften verwandelten, behielten einige Arten die geschlechtsspezifische Nahrungssuche bei. Im Gegensatz zur vertikalen Trennung der baumbewohnenden Arten aber erfordert das Leben am Boden, daß sich die Männchen zentrifugal aus einem für Weibchen und Jungtiere reservierten Kernbezirk entfernen. Dabei erweitert sich der tägliche Aktionsradius der Männchen, während der Kernbezirk für die Weibchen und Jungtiere dank verminderter Nahrungskonkurrenz der Männchen entsprechend eingeschränkt werden kann. Die Trennung in konzentrische Nah- und Fernbezirke der Nahrungssuche konnte zusätzlich von frühen Hominiden ausgeformt werden, die vor etwa vier Millionen Jahren den aufrechten Gang beherrscht hatten (Lovejoy, 1981). Der dauerhafte zweibeinige Gang befreit die vorderen Gliedmaßen von einer Funktion im Dienst der Fortbewegung. Statt dessen ermöglichen die freigewordenen Arme und Hände, bedeutsame Mengen von Nahrung über weitere Entfernungen herbeizutragen. Die Trennung geschlechtsspezifischer Zonen der Nahrungssuche konnte so mit einer Tendenz zur Nahrungsteilung verbunden werden. Innerhalb der Kernzone entstanden Lager, zu denen man Nahrung brachte, um sie dort mit anderen zu teilen. Die Weibchen, in Schwangerschafts- und Stillzeiten sowohl mit der eigenen Nahrungssuche als auch durch die Ernährung ihrer Jungen belastet, konnten jetzt von Männchen mit Nahrungsmitteln unterstützt werden. Obendrein erwies sich ihre geringere Mobilität als Vorteil: Beschränkt auf einen kleinen Kernbezirk mit Basislager, verminderten sich die Gefahren für Weibchen und Jungtiere, die sonst auf ausgedehnten Streifzügen drohten. Ein Leben in konzentrischen Nahrungsbezirken bedingte jedoch, daß Gruppenmitglieder, obgleich vielfach aufeinander angewiesen, sich für längere Zeitabschnitte trennten. Das Muster einer sozialen Organisation in zeitlicher Parallelität, wie es bei Gruppen der großen Affen heute noch zu beobachten ist, könnten frühe Hominiden zugunsten geschlechtsspezifischer, aber komplementärer Aktivitäten verschiedener Gruppenmitglieder verändert haben.

Die räumliche Trennung von Mitgliedern einer hominiden Gruppe erfordert eine Kommunikation über Gegenstände und Ereignisse, die nicht allen gemeinsam zugänglich sind. Gruppenmitglieder, mehrmals im Laufe des Tages für längere Zeit getrennt, doch aufeinander angewiesen, sollten sich über entfernte und zeitlich getrennte Ereignisse austauschen können. Gesten oder Laute zum Zwecke der Kommunikation durften nicht länger an die gegenwärtig durchlebte Situation gebunden bleiben, sondern mußten Hinweise auf Vergangenes und Zukünftiges ermöglichen. Eine Kommunikation über zeitlich verschobene Ereignisse und mit ihr ein erstes Konzept von *Zeit* wurde zunehmend dringlicher.

Die Welt der frühen Jäger und Sammler

Wir haben in unserem Szenario wesentliche Stationen der Evolution des Menschen nachgezeichnet, die heute dank zahlreicher fossiler Funde und deren Datierung mit Hilfe radiometrischer Methoden belegt werden können. Fossile Skeletteile aufrechtgehender Individuen, gefunden im äthiopischen Omotal, dem Gebiet um den Turkanasee in Kenia und der Oldowayschlucht in Tansania, liefern konsistente Belege einer mehr als drei Millionen Jahre dauernden Naturgeschichte des Menschen (Leakey, 1981; Johanson and Edey, 1981). Der Gebrauch von Steinwerkzeugen als Zeichen seiner Kognition kann für einen Zeitraum von zwei Millionen Jahren belegt werden. Die Fundstätten, nach Grabungshorizonten durchmustert, lassen aufgrund der Streumuster von Steinartefakten die Deutung zu, daß solche Orte Lagerstätten des Frühmenschen gewesen waren (Isaac, 1980). Steinwerkzeuge und lokale Häufungen fossiler Knochenreste erlegter Tiere weisen den Frühmenschen, insbesondere jene Art, die wir heute *Homo erectus* nennen, als Wildbeuter aus. Offensichtlich trugen bereits diese frühen Vorfahren des heutigen Menschen erlegte Tiere an bestimmte Lagerstätten, zergliederten ihre Beute mit Hilfe primitiver Steinwerkzeuge und teilten das Fleisch mit ihrer Gruppe (Potts, 1984). Die erwähnten radiometrischen Datierungsmethoden belegen diese Lebensform für einen Zeitraum von zwei Millionen Jahren vor unserer Gegenwart. Erst vor 10 000 Jahren wurden Wildbeuter und Sammler von neolithischen Pflanzern und Vertretern einer auf Viehzucht und Ackerbau gegründeten Vorratswirtschaft abgelöst. Der Mensch verbrachte somit den überwiegenden Teil seiner Existenz als biologischer Gattung – das sind mehr als 99 Prozent – auf der sozioökologischen Stufe steinzeitlichen Jäger-und-Sammlertums. Diese Lebensform erzwang eine bestimmte soziale Organisation. Physische, kognitive und emotionale Eigenschaften des modernen Menschen entwickelten sich unter Rahmenbedingungen, welche diese frühe Gesellschaftsform gesetzt hatte.

Archäologie und Paläontologie belegen zweifelsfrei die Existenz des frühen Menschen als Jäger und Sammler, vermögen jedoch nur ein unvollständiges Bild zu zeichnen, sofern es um Muster seines Verhaltens geht. Ein Versuch, dynamische Aspekte des alltäglichen Zusammenlebens in solchen Gemeinschaften zu rekonstruieren, kann sich jedoch an Verhaltensstudien noch existierender Jäger- und Sammlerkulturen orientieren. Die Welt der steinzeitlichen Jäger und Sammler ist nur noch in Resten einiger weniger Stammeskulturen fernab unserer technischen Zivilisation erhalten geblieben. Sie spielen jedoch für die anthropologische Forschung eine Schlüsselrolle, da angenommen werden darf, daß ihre Lebensweise wesentliche Aspekte der Lebenswelt unserer prähistorischen Vorfahren des Pleistozäns widerspiegelt. Jäger und Sammler unserer Tage repräsentieren weder den *Homo erectus* noch den *Neandertaler*, noch einen anderen biologischen Vorläufer des heutigen Menschen. Sie sind ebenso Vertreter des modernen *Homo sapiens sapiens* wie Angehörige von Industriegesellschaften. Sie verfügen über dieselbe kognitive Ausstattung und wären ebenso fähig, jeden beliebigen Beruf innerhalb der technischen Zivilisation zu erlernen. Was ihre Lebensform als Modell für ein früheres Entwicklungsstadium der menschlichen Gesellschaft empfiehlt, sind deren spezifische Erfordernisse.

Alle Jäger-Sammler-Gemeinschaften in verschiedenen Teilen der Erde leben in kleinen Kernfamilien oder Zusammenschlüssen von durchschnittlich 30 Personen. Sie beuten die natürlichen Ressourcen aus, legen aber keine umfangreichen Vorräte an. Da Zug- oder Lasttiere meist unbekannt sind und technische Hilfen nicht zur Verfügung stehen, hängt ihr Leben in kritischer Weise von ihrer gegenseitigen Zusammenarbeit und der Ökonomie im Umgang mit ihren körperlichen Kräften ab. Dies legt nahe, bei ihnen ein besonderes zeitliches Muster ihrer täglichen Verhaltensaktivitäten anzutreffen. Außerdem besteht in Jäger-Sammler-Gemeinschaften eine Arbeitsteilung zwischen Frauen und Männern. Während die Frauen für Säuglinge und

Kleinkinder sorgen, sind ihre Arbeiten auf den nächsten Umkreis eines Basislagers beschränkt. Sie tragen überwiegend gesammelte, pflanzliche Nahrung herbei oder besorgen Feuerholz und das tägliche Trinkwasser. Im Gegensatz dazu jagen die Männer zu zweit oder in kleinen Gruppen nach größerem Wild, wobei sie sich für längere Abschnitte des Tages vom Basislager entfernen. Oft sind die Männer jedoch nicht erfolgreich, so daß Fleisch in weitaus geringerem Maß als pflanzliche Kost zur Ernährung beiträgt. Weitgehend auf pflanzliche Protein- und Kalorienträger angewiesen, widmen Wildbeuter-Gruppen einen großen Teil ihrer Zeit der Tätigkeit des Sammelns.

Zeitstrukturen einer Jäger-Sammler-Gemeinschaft

Wir dürfen erwarten, daß sich die charakteristische Dynamik einer solchen Überlebensgemeinschaft in deren Tageslauf und der zeitlichen Organisation ihrer Tätigkeiten widerspiegelt. Wie verteilen sich dann verschiedene Aktivitäten einzelner Personen über die Tageszeit, und wie sind diese aufeinander bezogen? Wie lange verweilt der einzelne bei ein und derselben Tätigkeit? Jäger und Sammler besitzen in der Regel keine Uhren. Sie unterliegen, da sie keine reglementierte Arbeit kennen, auch keinem Diktat der Zeit. Die zeitlichen Muster ihrer Aktivitäten mögen daher überwiegend inneren Bedürfnissen Rechnung tragen. Bekanntlich regulieren neuronale und endokrine Aktivitätsrhythmen den Metabolismus des menschlichen Körpers. Wenn solche endogenen Mechanismen das Verhalten beeinflussen, entfalten sie eine regulative Wirkung hinsichtlich physischer und geistiger Anforderungen von Menschen, die nach Art unserer prähistorischen Vorfahren in der Wildnis überleben, ohne sich technischer Hilfen bedienen zu können.

Auf der Suche nach zeitlichen Aktivitätsmustern einer Gruppe heute lebender Jäger und Sammler verbrachte der Autor und seine Mitarbeiterin Barbara Schardl den März 1986 in einer Dorfgemeinschaft kolumbianischer Guahibos (Meier-Koll and Schardl, 1994). Diese Nachkommen der Ureinwohner Kolumbiens sind mittlerweile leicht akkulturiert und leben in kleinen, dörflichen Siedlungen der Llanos Orientales. Jedoch nutzen sie bis heute die Natur durch Jagd, Fischfang und das Sammeln pflanzlicher Nahrung. Neben dieser traditionellen Subsistenzwirtschaft betreiben sie saisongebunden eine primitive Rodungsagrikultur. Dabei pflanzen sie in zuvor brandgerodeten Parzellen des Busches den Yuccastrauch, aus dessen Wurzeln sie Cassavemehl gewinnen. Diese Tätigkeiten fügen dem Jäger- und Sammlertum Aspekte einer neolithischen Pflanzerkultur hinzu.

Das Dorf, *Corocito,* etwa 20 Kilometer von Puerto Gaitan nahe des Rio Meta gelegen, bewohnten etwa 40 Personen. In den Wochen unseres Aufenthaltes stand die Regenzeit bevor. Daher arbeiteten die erwachsenen Männer häufig auf verschiedenen Rodungsparzellen im näheren und weiteren Umkreis des Dorfes. Dies erforderte mehrere Vorbereitungen, die frühmorgens getroffen wurden. Da einige der Parzellen bis zu sieben Kilometern entfernt lagen, nahm der Hin- und Rückweg je eine Stunde in Anspruch. Auf den gerodeten Parzellen angekommen, lockerten die Männer mit Hilfe von Grabstöcken den Boden. Sie trugen Bündel des Yuccastrauches herbei, zerteilten die einzelnen Stangen mit Hilfe der Machete in kürzere Stücke und setzten diese als Stecklinge in die gelockerte Erde. Zwischendurch unterbrach einer der Männer diese Tätigkeit, um seine Machete nachzuschärfen, einfach umherzulaufen oder um sich mit anderen für die Dauer einer Zigarettenpause zu unterhalten. Der Wechsel dieser Tätigkeiten, ihre zeitliche Folge und Dauer spiegeln die Ökonomie des Einsatzes körperlicher Kräfte wider. Erfordert diese Ökonomie eine bestimmte Zeitstruktur? Dies zu untersuchen, begleitete der Autor die Männer an verschiedenen Tagen und notierte, welches Verhalten im Laufe der Tageszeit an je einer vorab ausgewählten Person zu beobachten war.

Das Verhalten eines jeden Mannes konnte einer der folgenden sechs Kategorien zugeordnet werden: Graben, Pflanzen, Gebrauch der Machete, bloßes Umherlaufen *(Lokomotion),* kleinere Besorgungen (Schärfen der Machete etc.), sozialer Kontakt und Ruhe. Kurze Mahlzeiten wurden während der

Ruhepausen eingenommen. Die Beobachtungsdaten, im Laufe eines Tages kontinuierlich erhoben, konnten mit einer zeitlichen Auflösung von fünf Minuten in ein Diagramm übertragen werden. Die genannten sechs Kategorien wurden dabei nach dem Grad der körperlichen Anstrengung übereinander angeordnet. Eine derart konstruierte Zeitreihe kann als individuelles Aktivitätsprofil betrachtet werden. Insgesamt wurden aus mehreren Tagesbeobachtungen von drei Männern acht kontinuierliche Zeitreihen gewonnen. Für jeden der drei Männer, Pablo, Alberto und Alejandro, findet sich eine Zeitreihe exemplarisch abgebildet (Abb. 1–2a). In der Auflösung nach fünf Minuten zeigen sich darin kurzfristige, rasch wechselnde Übergänge zwischen den Verhaltenskategorien. Um gegenüber diesen raschen Fluktuationen, die man als Datenrauschen bezeichnet, längerfristige Tendenzen betonen zu können, wurden die Daten innerhalb eines gleitenden Ausschnittes von fünf benachbarten Datenpunkten gemittelt. So entstand für jede Zeitreihe eine geglättete Form, welche die mittlere Tendenz im Wechsel der Tätigkeiten widerspiegelt. In ihrer geglätteten Form lassen die Aktivitätsprofile mehrfache Schwankungen zwischen Zuständen relativer Anstrengung und solchen der Ruhe und Entspannung erkennen.

Die Schwankungen der Aktivitätsprofile einzelner Männer entsprechen deren individuellem Wechsel von physischer Arbeit und Entspannung. Wenn wir jedoch die Aktivitätsprofile von allen acht Beobachtungstagen vergleichen, zeigt sich eine Gemeinsamkeit. Wir ordnen alle acht Zeitreihen in geglätteter Form derart an, daß die ersten, deutlich ausgeprägten Maxima auf einer Linie liegen (Abb. 1–2b). Dann lassen sich korrespondierende Maxima der einzelnen Zeitreihen nach Art von Gratlinien verbinden. Schließlich bietet sich die Ansicht eines wellenförmigen Reliefs mit näherungsweise parallel verlaufenden Gratlinien und Tälern. Es veranschaulicht eine allen acht Zeitreihen gemeinsame Periodizität. Ihr mittleres Intervall kann aus den Abständen benachbarter Maxima bestimmt werden und beträgt 128 Minuten. Die Periodenintervalle streuen mit einer Standardabweichung von 16 Minuten nur geringfügig um die-

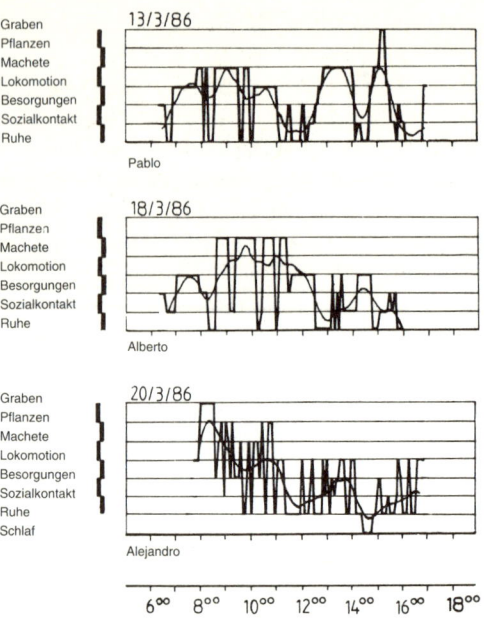

Abb. 1–2 a): Verhaltensprofile von drei Guahibo-Männern. Rohdaten und geglättete Zeitreihen. Zu beachten ist der zyklische Wechsel verschiedener Tätigkeiten.

sen Mittelwert. Demnach zeigen die Folgen der Verhaltenszustände unserer beobachteten Männer annähernd reguläre Schwingungen mit einer Periode von ungefähr zwei Stunden.

Die 40 Bewohner des Dorfes verteilten sich auf vier Hütten. Eine fünfte Hütte befand sich im Bau, eine sechste diente als gemeinsame Küche. Alle Hütten waren in einem Areal von 100 × 100 m errichtet (Abb. 1–3 a). Mit Hilfe eines Schrittzählers, den der Autor trug, konnten die Abstände zwischen den Hütten vermessen und so deren Lage in eine Karte übertragen werden. Innerhalb des Dorfes gingen die einzelnen Personen häufig zwischen den Hütten einher. Wenn Erwachsene und Kinder das Dorf verließen, so meist, um Yuccawurzeln in den Parzellen zu ernten, im Busch Wildfrüchte zu sammeln oder

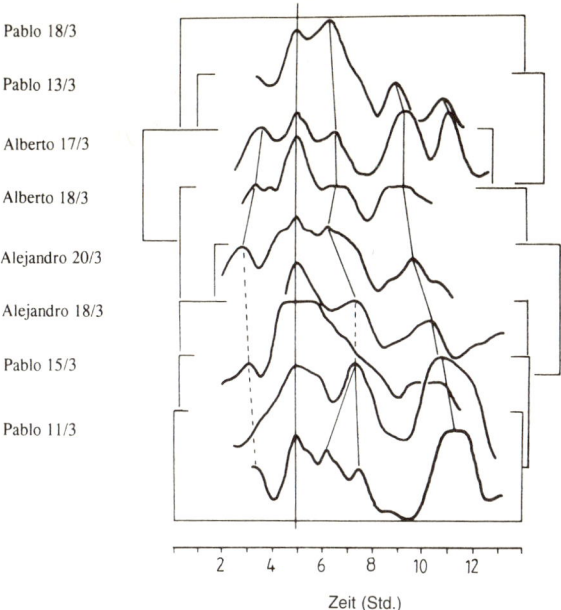

Abb. 1–2 b): Vergleich aller acht geglätteten Zeitreihen des Verhaltens der drei Guahibo-Männer Pablo, Alberto, Alejandro. Die Zeitreihen wurden so angeordnet, daß jeweils die ersten, ausgeprägten Maxima auf eine Linie zu liegen kamen. Korrespondierende Maxima wurden durch Gratlinien verbunden. Das mittlere Intervall der Schwankungen dieser Zeitreihen beträgt etwas mehr als zwei Stunden (128 ± 16 Minuten).

Wasser aus einer nahegelegenen Quelle zu schöpfen. Lokomotionen in und um das Dorf bildeten daher ein gemeinsames Verhaltensmuster aller Dorfbewohner. Wir entschieden uns, diese Bewegungen sowohl für einzelne Personen als auch für kleinere Untergruppen zu bestimmen. Hierzu mußte ein Maß gefunden werden. Zu diesem Zweck wurde ein Gitter von Planquadraten über die skizzierte Karte des Dorfes gelegt (Abb. 1–3 a).

Jedes Planquadrat entsprach mit einer Fläche von 8 × 8 m der durchschnittlichen Größe der Hütten. Meine Mitarbeiterin und ich beobachteten gemeinsam eine Gruppe vorab ins Auge gefaßter Personen und zeichneten für aufeinanderfolgende Zeit-

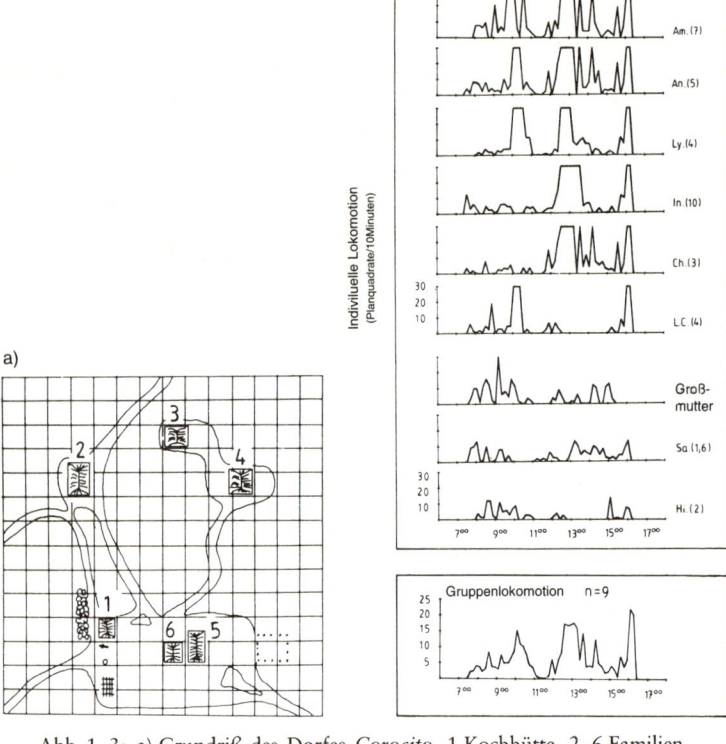

Abb. 1–3: a) Grundriß des Dorfes *Corocito*. 1 Kochhütte, 2–6 Familienhütten. Geht eine Person durch das Dorf, überstreicht sie verschiedene Planquadrate von 8 × 8 m. Die Anzahl der pro Zeiteinheit durchlaufenen Planquadrate kann als Maß ihrer Lokomotion dienen. b) Zeitreihen individueller lokomotorischer Aktivität von acht Kindern der Guahibos und einer älteren Frau (Großmutter). Zu beachten ist, daß individuelle Lokomotionsphasen der älteren Kinder synchron auftraten. Die mittlere Gruppenlokomotion (unteres Diagramm) zeigt eine Periodizität von ungefähr drei Stunden.

einheiten von je zehn Minuten Bewegungsspuren der einzelnen Personen in Karten des Dorfes ein. Die Anzahl der Planquadrate, welche die Spur einer Person innerhalb von zehn Minuten überstrich, diente als Maß der individuellen Lokomotion. Da es uns gelang, mehrere Personen über den Tag hin im Auge zu behalten, konnte aus deren individuellen Lokomotionsdaten eine Gruppenlokomotion bestimmt werden, die sich aus der Summe individueller Bewegungseinheiten ergab. Unser Verfahren näher zu erläutern, greifen wir einen Beobachtungstag (22. März 1986) heraus. Am Morgen dieses Tages waren fast alle Erwachsenen zu einem kleinen Markt in Puerto Gaitan aufgebrochen. Außer den beiden Beobachtern blieb eine Schar von Kindern und deren Großmutter zurück. Sie beaufsichtigte die beiden Kleinsten. Die älteren Kinder zogen meist als Gruppe im Dorf umher und hielten sich mal in der einen, dann in der anderen Hütte auf. Zwischendurch verließen sie das Dorf, um im nahegelegenen Bach zu baden oder von dort Wasser herbeizuschaffen. Die beiden Beobachter behielten neben der Großmutter acht Kinder den ganzen Tag über im Auge. Anhand fortlaufender Notizen über Position und Bewegung einzelner Personen wurden später individuelle Lokomotionsspuren in die Karte des Dorfes gezeichnet. Die Anzahl überstrichener Planquadrate wurde als Maß der Lokomotion gewertet und für aufeinanderfolgende Zeitintervalle von 10 Minuten in ein Zeitdiagramm übertragen.

Die Kinder Am (7), An (5) und Ly (4) entwickelten im Laufe der 10-stündigen Beobachtung drei Lokomotionsphasen, die sie aus dem Dorf in den nähergelegenen Busch führten. Drei weitere Kinder, In (10), Ch (3) und L. C. (4) schlossen sich in zweien dieser Lokomotionsphasen an. Demgegenüber blieben die Bewegungen der Großmutter und zweier Kleinkinder, die sie an diesem Tag betreute, auf einen engeren Bereich innerhalb des Dorfes beschränkt. Werden die individuellen Lokomotionseinheiten für jedes 10-Minuten-Intervall zusammengezählt und durch die Anzahl der Personen geteilt, ergibt sich eine mittlere Lokomotion der gesamten Gruppe. Zu dieser Gruppenlokomotion tragen die synchronisierten Lokomotionsphasen der älteren Kinder am meisten bei. Das Maß der Gruppenlokomotion schwankt mit einer Periode von circa drei Stunden (Abb. 1–3 b).

An vorausgegangenen Tagen war aufgefallen, daß Mitglieder der Dorfgemeinschaft im Laufe des Tages wiederholt in größerer Zahl ihre Hütten aufsuchten, dort eine Weile blieben, dann wieder auseinandergingen und sich nach einiger Zeit abermals versammelten. Es hatte den Anschein, als träten die Dorfbewohner in periodischen Intervallen an bestimmten Orten zusammen. Dies zu dokumentieren, notierten beide Beobachter neben der lokomotorischen Aktivität einer kleinen Gruppe auch, wie viele Personen sich nach Ablauf von je fünf Minuten in einer bestimmten Hütte aufhielten. Die Tendenz der Dorfbewohner, sich beispielsweise in der gemeinsamen Kochhütte zu versammeln, wurde als soziale Aggregation bezeichnet. An insgesamt vier Tagen gelang es, gleichzeitig die Lokomotion einer kleinen Gruppe der Dorfgemeinschaft und die soziale Aggregation innerhalb der Koch- oder einer Familienhütte zu bestimmen. Die Zeitreihen zweier Beobachtungstage sind hier exemplarisch wiedergegeben (Abb. 1–4).

Die Werte von Gruppenlokomotion und sozialer Aggregation schwanken periodisch im Laufe der Tageszeit. Dies genauer zu beschreiben, stehen mathematische Verfahren zur Verfügung. So läßt sich aus den Zeitreihen je ein Spektrum berechnen. Als Diagramm dargestellt, zeigt es auf einer horizontalen Achse eine Skala, die den Bereich erwarteter Frequenzen oder Perioden bezeichnet. Frequenzen sind hier durch die auf 24 Stunden bezogene Anzahl von Zyklen bestimmt. Die entsprechenden Perioden bemessen sich nach Stunden. Beispielsweise würde eine Zwei-Stunden-Periodik innerhalb von 24 Stunden zwölf Zyklen erzeugen. Senkrecht über der Frequenzachse wird die Stärke von Oszillationen einer bestimmten Frequenz aufgetragen. Enthält die untersuchte Zeitreihe eine bedeutsame Periodizität, ragt ein hoher, schmaler Spektralgipfel an einer bestimmten Stelle der Frequenzachse hervor. Diese Stelle markiert dann den Wert der Frequenz und der Periode eines Zyklus, den die Zeitreihe enthält (Abb. 1–4).

Die Spektren von Gruppenlokomotion und sozialer Aggregation gleichen sich und weisen Maxima für dieselben oder wenig verschiedene Frequenzen auf. Die Zeitreihen von Gruppenlokomotion und sozialer Aggregation enthalten ähnliche Perioden von ungefähr zwei Stunden. Außerdem verlaufen beide

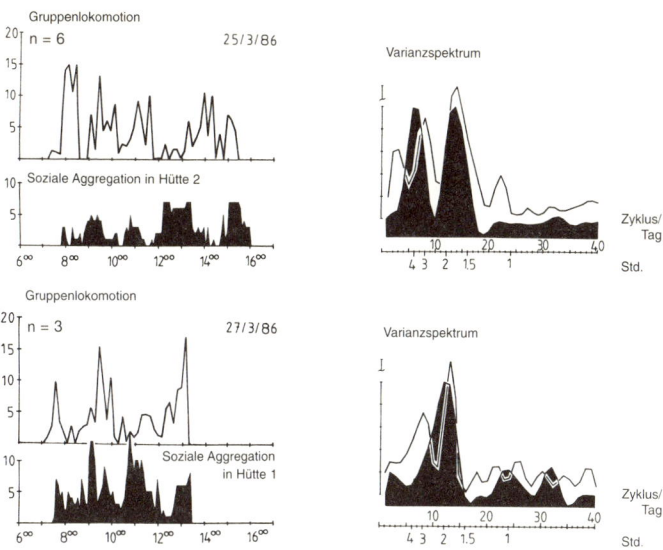

Abb. 1–4: Zeitreihen und Spektren für Gruppenlokomotion (weiße Diagramme) und soziale Aggregation (schwarze Diagramme). Daten aus zwei Beobachtungstagen, n: Anzahl der Personen, welche zur beobachteten Gruppenlokomotion beigetragen haben. Maß der sozialen Aggregation: Anzahl der in einer Hütte versammelten Personen. Spektralamplituden sind in Prozentwerten ihrer maximalen Amplitude wiedergegeben.

Zeitreihen eines Beobachtungstages näherungsweise gegenphasig. Dies besagt, daß sich beispielsweise die Mitglieder einer Familie in periodischen Abständen von ungefähr zwei Stunden in ihrer Hütte versammeln, dort ruhen oder eine Mahlzeit einnehmen und wieder auseinandergehen. Einige der Frauen und Männer suchen die Parzellen auf, um Yuccawurzeln zu ernten, andere steigen den Canon hinab, um Wasser zu schöpfen oder Wäsche zu waschen. Ihnen folgen meist mehrere Kinder. Die Lokomotion der Gruppe nimmt daher zu, während die Zahl der versammelten Personen sinkt. Schließlich ist die Familienhütte leer. Kehrt die Gruppe ins Dorf zurück, sucht sie wieder die gemeinsame Hütte auf. Während sich die Hütte füllt, sinken die Werte der Gruppenlokomotion. Dies wiederholt sich mehrmals im Laufe eines Tages. Das Leben einer Familie oder einer anderen Gruppe des Dorfes erscheint als periodisches Pulsieren zwischen Gehen und Kommen, zwischen Lokomotion und Ruhe. Die darin gefundene Periodik entspricht derjenigen, die sich bereits im selbstbestimmten Arbeitszyklus einzelner Männer beobachten ließ. Wie soll die Periodisierung des Verhaltens einer ganzen Gruppe gedeutet werden?

Die Guahibos besitzen keine Armbanduhren oder andere Zeitmeßgeräte. Sie verstehen sich bestens darauf, die Tageszeit nach dem Stand der Sonne und der Länge des Schattens zu schätzen, doch erklärt dies nicht einen periodischen Zeittakt, der ihre sozialen und individuellen Aktivitäten zu skandieren scheint. Sie sind dem Tag-Nacht-Wechsel ausgesetzt, aber keinen Einflüssen, die mit einer Periode von zwei oder drei Stunden wirksam wären. Es liegt daher nahe, die gefundene Periodik mit endogenen Mechanismen in Zusammenhang zu bringen. Physische Arbeit ist in tropischem Klima nur für eine begrenzte Dauer durchzuhalten. Dann hat eine Erholungspause zu folgen. Wird die Arbeit erneut aufgenommen, ergibt sich aus diesem Wechsel ein Ruhe-Aktivitätszyklus. Für die Aktivitätsprofile der beobachteten Guahibo-Männer betrug die durchschnittliche Periode dieses Zyklus etwas mehr als zwei Stunden. Möglicherweise liegt in dieser Periode eine Optimierung des Wechsels von körperlicher Anstrengung und Entspannung. Die gleiche Periodizität aber fanden wir auch in Verhaltenstendenzen einzelner Untergruppen der Dorfgemeinschaft: Es scheint, als könnten sich individuelle Verhaltenszyklen der Mitglieder einer kleinen Gruppe zu einem gemeinsamen, periodischen Zeitraster synchronisieren. Der Vorzug eines solchen Zeitrasters liegt auf der Hand. Wenn mehrere Personen in denselben Phasen eines gemeinsamen Rhythmus tätig werden, vermögen sie sich wechselseitig zu helfen und ihre Tätigkeit für Arbeiten zu koordinieren, welche die physischen Kräfte des einzelnen überforderten. Gleichzeitig aber sorgt die Rhythmizität für einen optimierten Wechsel von physischer Anstrengung und Erholung.

Es bleibt an dieser Stelle noch offen, ob die Arbeitsplanung der Guahibos oder ein biologisch bestimmtes Programm diese Zeitstruktur vorgegeben hat. Unsere anthropologische Feldstudie belegt das Phänomen synchronisierter Verhaltenszyklen, kann aber wenig beitragen, dessen Herkunft zu verstehen. Ein vergleichender Blick auf nicht-menschliche Primaten mag sich hierfür besser eignen.

Verhaltenszyklen nicht-menschlicher Primaten

Jeder Zoobesucher kennt Tiere, die rastlos von einer Ecke ihres Geheges zur anderen wandern. Zu einer anderen Tageszeit aber liegen sie ruhig oder schlafen. Dies gilt auch für nicht-menschliche Primaten. Wir wählen als Beispiel eine Studie an Rhesusaffen (Delgado-Garcia et al., 1976). Die motorische Aktivität ist mit Hilfe eines Schrittzählers zu bestimmen, den das Tier neben einem kleinen Sendegerät trägt. Ein Empfänger registriert Zählimpulse, sooft das Tier in seinem Käfig umherläuft. Die Motilität des Tieres wird dann anhand der Zählimpulse gemessen, welche innerhalb eines Zeitintervalls von fünf Minuten anfallen. Der Käfig kann gegen Geräusche abgeschirmt und seine Raumtemperatur konstant eingeregelt werden, während die Beleuchtung in festen Phasen von je zwölf Stunden ein- und ausgeschaltet wird. Ungeachtet dieser konstanten Bedingungen findet man periodische Schwankungen im Maß der Motilität eines Tieres. Während der 12-stündigen Lichtphase beträgt ihre Periode etwa 70 Minuten (Abb. 1–5).

Beschränkungen im Angebot von Futter und Trinkwasser vermögen den Motilitätsrhythmus weder zu stören noch wesentlich zu verändern. Hunger und Sättigung scheiden damit als Ursache aus. Auch war dem Tier keine Leistung abverlangt, die es physisch angestrengt hätte. Dies verwehrt uns, den Motilitätsrhythmus einfach als Wechsel physischer Anstrengung mit nachfolgender Ruhe zu deuten. Da unter den gewählten Bedingungen kein äußerer, zyklischer Einfluß von vergleichbarer Periodizität bestand, darf ein endogener Mechanismus angenommen werden, der den augenfälligen Rhythmus von Motilität und Ruhe bewirkt.

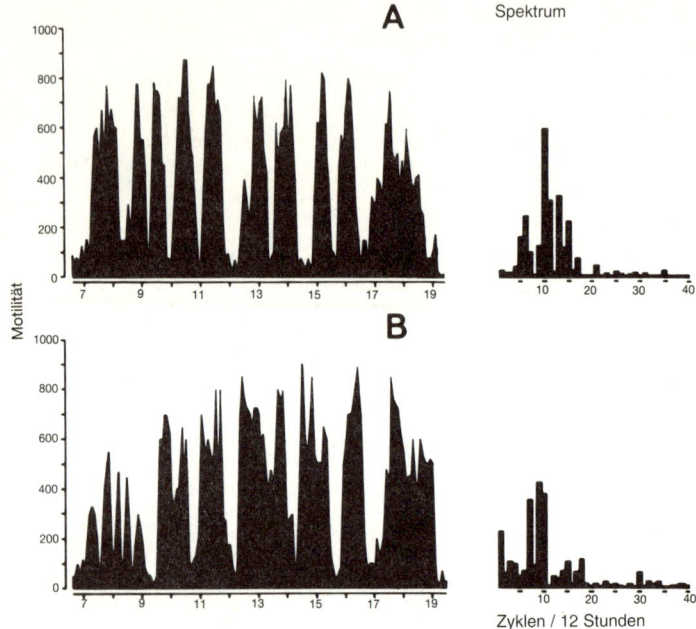

Abb. 1–5: Motilitätsrhythmus eines erwachsenen männlichen Rhesusaffen unter verschiedenen Bedingungen. (A) Lokomotorische Aktivität während der 12-stündigen Lichtphase mit beliebig verfügbarer Menge an Wasser und Futter. Das Spektrum dieser Zeitreihe zeigt eine dominante Periodizität von 72 Minuten (10 Zyklen in 12 Stunden). (B) Lokomotorische Aktivität desselben Tieres während einer 12-stündigen Lichtphase mit beschränktem Nahrungsangebot zwischen 18 und 19 Uhr. Der Zyklus bleibt bestehen. Das Spektrum zeigt eine leichte Verschiebung zu einer längeren Periode zwischen 72–80 Minuten.

Rhythmische Schwankungen ihrer Bewegungsaktivitäten zeigen Tiere nicht nur in Gefangenschaft, sondern auch in freier Wildbahn. Ausmaß und Häufigkeit der Bewegungen werden auch hier mit Hilfe telemetrischer Geräte bestimmt. Einem eingefangenen Tier wird ein kleiner, leicht tragbarer Sender aufgebunden. Der Weg des freigesetzten Tieres läßt sich dann mit Hilfe eines Peilgerätes verfolgen und die Bewegungsaktivität telemetrisch aufzeichnen. So wurde auch die lokomotorische

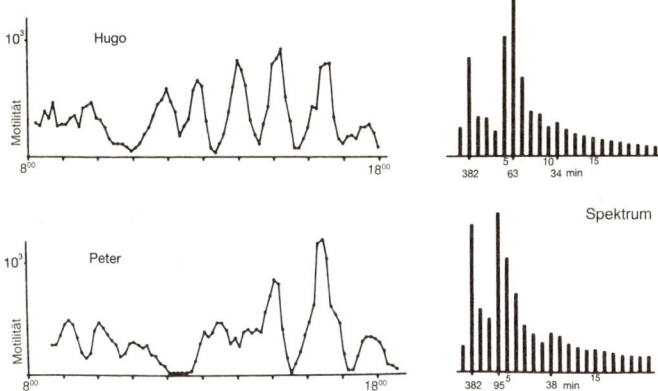

Abb. 1-6: Soziale Synchronisation von Motilitätsrhythmen. Telemetrisch bestimmte Motilität zweier freilebender Gibbons. Die entsprechenden Spektren zeigen unterschiedliche, dominante Perioden (63 Minuten für *Hugo* und 95 Minuten für *Peter*). Im Laufe des Nachmittages gleichen sich die Motilitätszyklen beider Tiere an und gehen in den letzten drei Perioden synchron.

Aktivität zweier Gibbons im Laufe eines Tages registriert (Abb. 1-6).

Beide Tiere entstammten einer Kolonie, die auf einer kleinen Insel im Harrington Sund von Bermuda angesiedelt und heimisch geworden war. Das Tier *Hugo* entfaltete einen Rhythmus mit hohen Spitzen motorischer Aktivität und Ruhepausen. Das entsprechende Spektrum zeigt eine dominante Periode von 63 Minuten. Demgegenüber ist die periodische Struktur der Bewegungsaktivität des Tieres *Peter* weniger augenfällig, doch unterlag, wie die Spektralanalyse belegt, auch dessen Aktivitätsprofil einer Periodizität. Ihr Zyklusintervall betrug 95 Minuten. Ungeachtet des Unterschieds ihrer über den gesamten Tag hin bestimmten Periodenlängen haben sich die Bewegungsaktivitäten beider Tiere im Laufe des Nachmittages einander angeglichen, so daß die letzten drei Perioden parallel verlaufen. Die beiden Gibbons zeigen damit die Fähigkeit zur sozialen Synchronisation ihrer Verhaltensrhythmen. Dieses Phänomen bleibt nicht auf einzelne Paare beschränkt. Nicht-menschliche Primaten leben meist in Gruppen. Eine starke soziale Bindung bewirkt, daß jedes Tier eines Trupps dieselbe Route zur selben Zeit beschreitet wie alle anderen Gruppenmitglieder. Die sozialen Interaktionen der Tiere können dabei endogen gesteuerte Verhaltensrhythmen einzelner Gruppenmitglieder zu einer gemeinsamen, periodischen Gruppenaktivität bündeln.

An unterschiedlichen Arten nicht-menschlicher Primaten läßt sich also Gleiches beobachten: Einzelne Tiere zeigen Verhaltenszyklen, deren Perioden einen Wert zwischen einer oder wenigen Stunden haben. Die Rhythmen sind unabhängig von äußeren Einflüssen und erweisen sich damit endogenen Ursprungs. In kleinen Gruppen werden individuelle Verhaltensrhythmen zu einer gemeinsamen Periode synchronisiert. – Dies ist nicht sehr verschieden von dem, was uns die Analyse der Zeitstruktur alltäglicher Verhaltensaktivitäten einer menschlichen Jäger-Sammler-Gemeinschaft, zumindest am Beispiel kolumbianischer Guahibos, gelehrt hat. Die Ähnlichkeit zeitlicher Muster des Verhaltens hier wie dort rückt schließlich einen biologischen Aspekt von *Zeit* in unseren Blickpunkt: Wir haben keinen Hinweis, daß nicht-menschliche Primaten die Zeit im Sinne eines kognitiven Konzeptes begreifen und ihr Verhalten danach bestimmen oder sich gar über zeitliche Aspekte der Umwelt austauschen können. Gleichwohl entfalten sie viele Aktivitäten in periodisch geordneten Zeitmustern. Es bedarf demnach weder planender Einsicht noch irgendwelcher Absprachen, individuelle Verhaltenszyklen zu begründen und diese in Form eines periodischen Zeitrasters koordinierter Aktivitäten zu bündeln. Derartiges läßt sich auch bewerkstelligen, wenn Verhaltenszyklen von inneren, biologischen „Uhren" gesteuert werden. Treten die Träger dieser biologischen „Uhren" in sozialen Kontakt, kann eine langsam laufende Uhr etwas beschleunigt, eine rasch gehende ein wenig verlangsamt werden. Schließlich gehen sie in einem mittleren Gleichtakt und haben ihre Phasen synchronisiert.

Es liegt daher nahe, die Zeitstrukturen der untersuchten Jäger-Sammler-Gemeinschaft als Ausdruck endogener Verhaltenszyklen ihrer Mitglieder zu deuten. Dabei wird die Möglichkeit einer kognitiven Zeitplanung der Guahibos nicht bestritten. Jedoch, angewiesen auf ihre eigenen, physischen Kräfte, unterliegt ihr Verhalten der regulativen Wirkung endogener Rhythmen.

Hormonelle „Gezeiten"

Metabolismus und Energieumsatz des menschlichen Organismus werden von zahlreichen Hormonen reguliert. Zu ihnen zählen das *Cortisol* und das *Adreno-Corticoide Hormon* (ACTH). Beide Hormone werden in pulsatilen „Wellen" an die Blutbahn abgegeben. Entnehmen wir dem Blut in Abständen von zehn Minuten eine Probe und bestimmen die darin enthaltenen Mengen an Cortisol und ACTH, ergeben sich periodische Konzentrationsprofile (Abb. 1–7). Schwankungen der Konzentration des Cortisols sind deutlicher ausgeprägt als diejenigen des ACTH. Die Oszillationen beider Konzentrationen verlaufen synchron. Dies weist auf eine rhythmische Organfunktion der Nebennierenrinde hin. Nachts und vormittags schwingen die Konzentrationen mit einer Periode von zwei Stunden. Am Nachmittag kann sich die Periode um ein Vielfaches verlängern. Ähnliche Rhythmen mit Perioden von ungefähr zwei Stunden zeigt die Konzentration des *Plasmarenins*. Im Verlauf des Schlafes steigt sie insgesamt an und schwingt dann mit großer Amplitude phasengebunden an einen zyklischen Wechsel der Schlafstadien. Die Konzentration fällt, sooft die untersuchte Person das REM-Stadium des Schlafes durchläuft. Demgegenüber erhöht sie sich während der übrigen Stadien des Schlafes. Dies gilt selbst dann, wenn der Schlaf von den nächtlichen Stunden auf den Tag verlegt wird (Abb. 1–8).

Die Oszillationen hormoneller Aktivitäten setzen sich mit Perioden von wenigen Stunden kontinuierlich über Tag und Nacht fort. Ähnlich den Gezeiten des Meeres schwemmt daher das Blut Hormone in „Konzentrationswellen" an das Gehirn und die anderen Organe. Wenn Metabolismus und Energiehaushalt des Körpers von hormonellen „Gezeiten" oszillato-

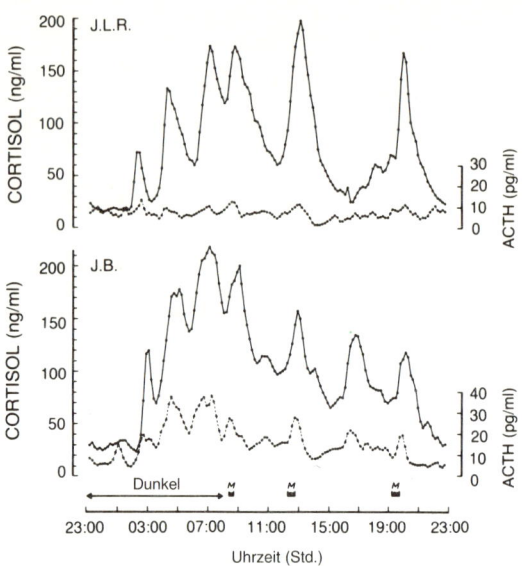

Abb. 1–7: Oszillationen der Serumkonzentration von Cortisol und ACTH (gepunktet) im Verlauf von 24 Stunden. Zwei gesunden Erwachsenen wurden in Abständen von zehn Minuten Blutproben entnommen und die Konzentrationen der Hormone immunoradiographisch bestimmt. M: Mahlzeiten.

risch reguliert werden, kann sich dies auf die motorische Gesamtaktivität auswirken. Studien an Personen, deren spontane Motilität unter konstanten Laborbedingungen gemessen wurde, belegen entsprechende Rhythmen einer motorischen Spontanaktivität des Menschen (Grau et al., 1988; Cilveti et al., 1993).

Sofern sich mehrere Personen verabreden, gemeinsam eine bestimmte Arbeit zu beginnen, kann ihre Absprache dazu beitragen, die Phasen individueller motorischer Verhaltenszyklen einander anzugleichen. Eine synchronisierende Kraft aber kann auch von nicht-verbaler Kommunikation ausgehen, da bereits die bloße Beobachtung des Verhaltens anderer die Tendenz fördert, es ihnen gleich zu tun. Schließlich bestehen zwischen so-

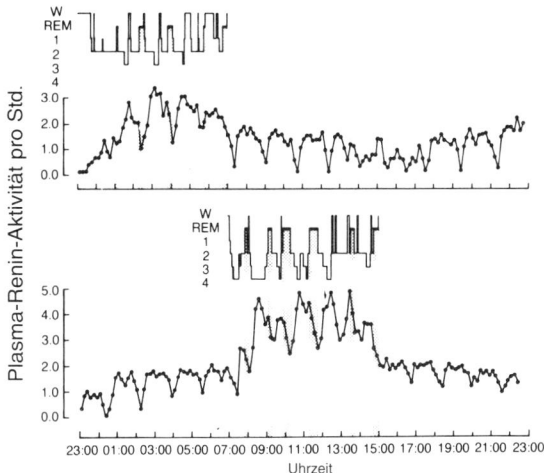

Abb. 1–8: Schwankungen der Serumkonzentration des Hormones *Renin* im Verlauf von 24 Stunden. Das Hormon wird vermehrt während des Schlafes abgegeben. Es besteht eine Phasenbeziehung der Konzentrationsschwankungen mit dem zyklischen Wechsel der Schlafstadien. Diese Phasenbeziehung bleibt erhalten, wenn der Schlaf auf die Tagesstunden verlegt wird.

zial nahestehenden Personen starke Verhaltensbindungen. Daher scheint es manchmal, als sei der einzelne weitgehend beeinflußt von dem, was andere Mitglieder seiner Familie oder Altersgruppe gerade tun. Bei den Guahibos beobachteten wir häufig, daß eine Schar kleiner und älterer Kinder ihren Müttern folgte, als seien sie an diese mit unsichtbaren Fäden gebunden. Ferner zeigten Frauen und Männer eine Tendenz, von Gruppen und Grüppchen, die sich spontan an einer Stelle des Dorfes gebildet hatten, angezogen zu werden. Demnach könnte die Gemeinschaft der Guahibos als ein Ensemble wechselseitig gekoppelter Oszillatoren aufgefaßt werden, dessen Dynamik die beobachteten Zeitmuster der sozialen Aggreation und Gruppenlokomotion erzeugt. Eine solche Dynamik ist komplex und läßt sich mit Worten schwer beschreiben. In vielen Bereichen der Naturwissenschaft hat es sich bewährt, elementare Mechanismen komplexer Systeme mathematisch zu formulieren und einen Computer berechnen zu lassen, welche Dynamik sich daraus entwickeln kann. Wir verfuhren in dieser Weise und schrieben ein Computerprogramm, welches die beobachtete Dorfgemeinschaft von *Corocito* anhand einer künstlichen Dorfgemeinschaft nachzuahmen gestattete.

Ein Computer simuliert Corocito

Die lokomotorische Aktivität eines jeden Individuums der künstlichen Dorfgemeinschaft sollte unseren Beobachtungen entsprechend von einem selbsterregten, endogenen Oszillator angetrieben und in ihrer Stärke moduliert werden. Physiologische Mechanismen eines lokomotorischen Aktivitätszyklus des Menschen sind bis heute unbekannt. Man darf jedoch vermuten, daß sie von neuronalen und neuroendokrinen Strukturen des Gehirns vermittelt werden. Da für unsere Absicht ein phänomenologisches Modell genügt, benötigen wir keine physiologischen Details, sondern dürfen die Oszillatoren nach einem allgemeinen Funktionsprinzip konstruieren, welches stabile, sich-selbsterhaltende Schwingungen erzeugt, deren Periode etwa zwei Stunden entspricht.

Es wurde ein Computerprogramm geschrieben, welches nicht nur einen Oszillator, sondern ein ganzes Ensemble von Oszillatoren nachzuahmen gestattet. Jeder Oszillator eines solchen Ensembles repräsentiert den Lokomotionszyklus eines Individuums unserer künstlichen Dorfgemeinschaft. Die Simulation der Dynamik einer künstlichen Gemeinschaft sich bewegender und wechselseitig beeinflussender Personen kann am Beispiel dreier Individuen erklärt werden. Eine „Momentaufnahme" zeige drei Personen in bestimmten Positionen relativ zur Mitte des Dorfes (Abb. 1–9). Zwischen den Personen sollen nach Art elastischer Fäden soziale Kräfte wirken. Sie veranlassen die Personen, sich einander anzunähern. Eine zusätzliche Kraft ziehe jedes Individuum in den Mittelpunkt des Dorfes. Diese Kraft steht für die Bindung an das Dorf oder Basislager und simuliert den Gradienten der Heimkehr aus der Umgebung. Gegen das

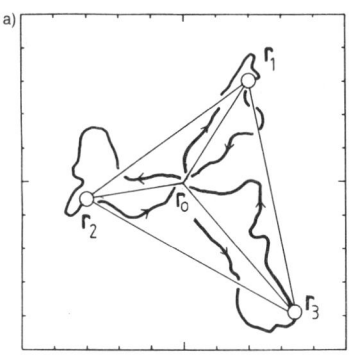

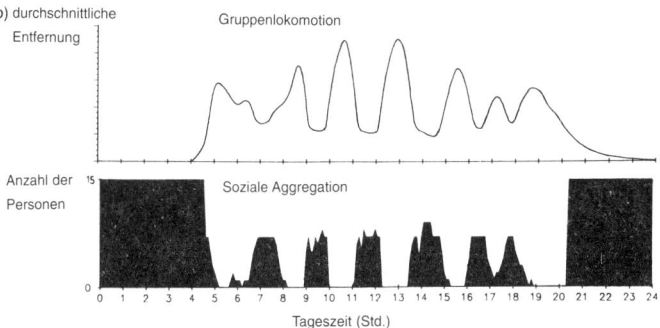

Abb. 1–9: a) Prinizip der Computersimulation des Dorfes *Corocito*. Hypothetische Spurdiagramme dreier Personen der künstlichen Dorfgemeinschaft. Die Positionen der drei Personen sind mit r_1, r_2 und r_3 bezeichnet. Das Zentrum des Dorfes befindet sich bei r_0. Dünne Linien bezeichnen ein Netz aus Bindungskräften, die zwischen den Personen und dem Ort des Basislagers (Dorfmittelpunkt) wirken. Jede Person trägt einen endogenen Oszillator der ihre Bewegungsaktivität periodisch entfacht. Die Bewegungen der Personen sind gegen die Bindungskräfte gerichtet. b) Gruppenlokomotion und soziale Aggregation der künstlichen Dorfgemeinschaft im Verlauf eines simulierten Tages.

Geflecht bindender Kräfte sei die Lokomotion der Individuen nach außen gerichtet. Jedem Individuum ist ein Oszillator zugeordnet, der seine lokomotorische Aktivität periodisch an- und abschwellen läßt. In unserem Modell entwickelt daher jede Person einen eigenen Mobilitätszyklus. Die soziale Kopplung der Individuen ist bestrebt, deren Mobilitätszyklen zu synchronisieren. Infolgedessen werden die Personen in gemeinsamen, periodischen Lokomotionsschüben gegen die Kräfte ihrer sozialen Kopplung anlaufen und das Netz der elastischen Fäden weiter aufspannen. Nimmt die synchronisierte Lokomotion der Individuen ab, überwiegen die rückwärtsgerichteten Kräfte. Die Personen bewegen sich gemeinsam in Richtung auf den Mittelpunkt des Dorfes. Sie versammeln sich dann innerhalb eines Kreises, der die Ausdehnung des Dorfes bezeichnet.

Was am Beispiel dreier Individuen beschrieben wurde, simulierte der Computer für ein Ensemble von 15 Personen. Unsere künstliche Modellgemeinschaft umfaßte also weniger Personen als das wirkliche Dorf *Corocito*. Die Anzahl von 15 Individuen entspricht jedoch derjenigen einer einzelnen Familie der Dorfgemeinschaft. Der Computer berechnete die Bewegungen der 15 Individuen im Verlauf zweier aufeinanderfolgender Tage. Während der Nacht wurden die Lokomotionsaktivitäten auf Null gestellt und alle 15 Personen um den Mittelpunkt des künstlichen Dorfes gruppiert, als schliefen sie dort in einer zentral gelegenen Hütte. Am Morgen eines simulierten Tages wurden die Mobilitätszyklen der 15 Personen mit individuell unterschiedlichen Phasen und Perioden angestellt. Auf jedes Individuum wirkten dann soziale Kräfte der übrigen 14 Gruppenmitglieder und eine Bindung an das Dorf als zentralem Lagerplatz. Die berechneten Bewegungen ließen sich mit Hilfe 15 farbiger Punkte, die sich über den Bildschirm eines TV-Gerätes bewegten, sichtbar machen. Im Verlauf des simulierten Tages bestimmte der Rechner in festen Zeiteinheiten die Summe aller 15 zurückgelegten Wegstrecken. Diese integrale Wegstrecke entspricht dem, was wir Gruppenlokomotion genannt hatten. Außerdem zählte der Rechner in denselben festen Zeitintervallen, wie viele der bewegten Punkte sich innerhalb des Dorfkreises befanden. Diese Anzahl entspricht der sozialen Aggregation. Graphiken des zeitlichen Verlaufes von Gruppenlokomotion und sozialer Aggregation der künstlichen Dorfgemeinschaft zeigen periodische und gegenläufige Schwankungen (Abb. 1–9). Für die Abendstunden unserer Modelltage ließ der Rechner alle lokomotorischen Aktivitäten erlöschen. Dementsprechend zieht sich die Gruppe der 15 Personen unter dem Einfluß sozialer Kräfte auf den Mittelpunkt des Dorfes zurück. Dort bleiben zur Nacht alle 15 Individuen versammelt. Ähnliche Phasenbeziehungen konnten wir in der realen Dorfgemeinschaft beobachten (vergleiche Abb. 1–4).

Das Computermodell erlaubt, verschiedene Gemeinschaften zu simulieren, auch solche, die keine Entsprechung in der Wirklichkeit haben, anhand derer sich jedoch der funktionale Wert einer sozialen Synchronisation individueller Verhaltenszyklen verstehen läßt. Beispielsweise können wir allen 15 Individuen identische Oszillatoren zuordnen, so daß die Lokomotionszyklen aller Personen dieselbe Periode aufweisen. Eine derartige Gruppe läßt sich von sozialen Koppelungskräften leicht synchronisieren. Alle 15 Individuen finden sich dann zu einer festgefügten Truppe vereint. Dementsprechend verlassen sie gemeinsam das Dorf, bleiben auf ihrem Weg nahe beisammen und kehren nach einer vollen Periode ihres Lokomotionszyklus als Gruppe in das Dorf zurück. Ihr Bewegungsportrait gleicht demjenigen einer exerzierenden Militärtruppe. Diese Zeitstruktur einer Gruppenaktivität wäre für Jäger und Sammler ungünstig. Da alle denselben Pfad wählen und sich daher zur gleichen Zeit am gleichen Ort aufhalten, entfällt die Möglichkeit, arbeitsteilig eine Vielfalt komplementärer Tätigkeiten zu verrichten.

Im anderen Extrem können die Individuen unserer künstlichen Gemeinschaft mit Oszillatoren sehr unterschiedlicher Perioden ausgestattet werden. Am unteren Ende der Skala befände sich beispielsweise ein Zyklus von einer Stunde, am oberen Ende ein Zyklus von fünf Stunden. Die übrigen Individuen besäßen Perioden zwischen diesen Werten. Die Periode von einer Stunde müßte dann um zwei Stunden gedehnt und die Periode von fünf Stunden um zwei Stunden verkürzt werden, um diese wie die übrigen Zyklen auf eine mittlere Periodenlänge von drei Stunden einzuregeln. Es könnte sich dann erweisen, daß die sozialen Koppelungskräfte der Gruppenmitglieder zu schwach sind, derart unterschiedliche Verhaltenszyklen gleichzurichten. Das Ensemble individueller Zyklen widersetzte sich dann den sozialen Koppelungskräften und ließe die Individuen zu unterschiedlichen Zeitpunkten in unterschiedliche Richtungen auseinanderlaufen. In einer solchen Gruppe sind die Aktivitäten ihrer Mitglieder nicht mehr aufeinander abgestimmt. Der Vorteil gegenseitiger Hilfestellung und Sicherung ginge verloren.

Zwischen beiden Extremen, dem Verlust der Vielfalt individueller Aktivitätsmuster einerseits und dem Verlust ihrer kooperativen Abstimmung andererseits, darf eine optimale Zeitstruktur individueller und gemeinschaftlicher Aktivitäten angenommen werden. Eine solche Zeitstruktur ließe eine Vielfalt individueller Aktivitäten zu und könnte gleichzeitig diese Aktivitäten durch graduelle Koppelung unterschiedlicher Verhaltenszyklen zeitlich derart abstimmen, daß Mitglieder der Gruppe hinreichend oft zu kooperieren vermögen. Diese optimierte Zeitstruktur ist an eine bestimmte Verteilung von Verhaltenszyklen innerhalb der Gruppe gebunden. Für eine vorgegebene Stärke der sozialen Koppelungskräfte läßt sich eine solche optimale Verteilung individueller Verhaltenszyklen anhand von Simulationsversuchen auffinden (Meier-Koll et al., 1995). Sie streut innerhalb nicht allzu weiter Grenzen um eine mittlere Periode. Anhand unseres Computermodells wurde ein Bereich von 60 bis 140 Minuten bestimmt. Die mittlere Periode einer derart optimierten Gruppe beträgt 100 Minuten. Es sind Perioden, die den beobachteten Verhaltenszyklen der Guahibos entsprechen (Meier-Koll et al., 1995).

Verglichen mit Gruppen, deren individuelle Verhaltenszyklen eine andere spektrale Verteilung besitzen, wird eine Jäger-Sammler-Gruppe mit optimierter Zeitstruktur nicht nur im alltäglichen Leben Vorteile ziehen. Da ihre Mitglieder vielfältigere Tätigkeiten ausüben können, aber gleichzeitig mehr zu kooperieren vermögen, ist ihr Fortbestand auch auf lange Sicht gesehen sicherer als derjenige einer Gruppe mit andersartig ausgelegten Verhaltenszyklen. Solche Zyklen mit Perioden von wenigen Stunden sind keine spezifische Eigenschaft des Menschen. Sie werden bei vielen anderen Arten beobachtet, so auch bei einer

Reihe nicht-menschlicher Primaten. Sie sind ein biologisches Erbe, welches der Mensch mit anderen Arten teilt. Die Kräfte der natürlichen Selektion dürften ihre Eigenschaften geformt und so optimiert haben, daß ihre Träger bestens an die Umwelt angepaßt sind. Da sich die menschliche Gattung über zwei Millionen Jahre auf der Stufe steinzeitlichen Jäger-Sammlertums entwickelt hat, könnte die soziale Synchronisation individueller Verhaltenszyklen bereits in Gruppen früher Hominiden gewirkt und diesen ersten menschlichen Gemeinschaften ein optimiertes Zeitraster für deren tägliche Aktivitäten vermittelt haben. Indem das einzelne Mitglied in ein gemeinsames Zeitraster der Gruppe eingebunden wird, ist seine Sicherheit und der ökonomische Einsatz seiner physischen Kräfte zu einem großen Teil gewährleistet. Wahrscheinlich vermittelte das zeitliche Raster synchronisierter Verhaltenszyklen auf diese Weise eine Strategie des Überlebens und diente als biologisch vorgegebene Zeitstruktur der Koordination sozial lebender Hominiden, lange bevor ein früher Vorläufer des heutigen Menschen erstmals ein kognitives Konzept von *Zeit* zu bilden verstand.

2. Zeitprogramme des Überlebens

Wenn wir verneinen, daß Tiere ein Konzept von Zeit besitzen und sich über zeitlich verschobene Ereignisse „unterhalten", könnte eingewandt werden, dem widersprächen Beobachtungen der erstaunlichen Kommunikation von Honigbienen. Bekanntlich vermag eine Sammlerbiene anderen Bienen den Standort einer weitentfernten Futterquelle zu „beschreiben", die sie einige Zeit zuvor besucht hat (Karl von Frisch, 1967). Sie tut dies, indem sie auf der Wabe „tanzt". Richtung und Geschwindigkeit dieses Tanzes besitzen eine systematische Beziehung sowohl im Hinblick auf die Entfernung der Futterquelle vom Stock als auch bezüglich ihres Winkels zur Position der Sonne. Da sich dieser Winkel im Laufe des Tages ändert, orientiert eine zurückgekehrte Biene ihren Tanz zu unterschiedlichen Tageszeiten in unterschiedlicher Richtung. Die Biene nutzt einen Sonnenkompaß und eine „innere Uhr", um den Standort einer Futterquelle hinreichend genau zu bezeichnen. Dabei veranlaßt die zurückgekehrte Sammlerin andere, noch unerfahrene Bienen, sich ihrem Tanz anzuschließen. Das motorische Muster des Tanzes, einmal von einer anderen Biene aufgenommen, veranlaßt diese zu einem Flug mit bestimmter Richtung und einem bestimmten Aufwand an Energie und Zeit. Schließlich trifft auch die unerfahrene Biene an derselben Futterquelle ein.

Man könnte sagen, das Kommunikationssystem der Bienen enthalte die Operation der *Verschiebung*, da die Tiere mit ihrem Tanz zeitlich und räumlich getrennte Ereignisse bezeichnen: die zurückliegende Entdeckung einer Futterquelle und den zukünftigen Weg, diese erneut aufzufinden. Der Tanz einer zurückgekehrten Biene und dessen Nachahmung durch unerfahrene Artgenossinnen sind gegenseitig sich ergänzende Verhaltensmuster eines genetisch bis in Einzelheiten festgelegten Programms. Einmal in den Stock zurückgekehrt, kann sich die erfahrene Sammlerin des Tanzes nicht enthalten, noch können Bienen in ihrer nächsten Umgebung diesen Tanz unbeachtet lassen. Sollte die Kommunikation der Honigbienen die Eigenschaft der *Verschiebung* besitzen, wie manche meinen, dann ist es eine Verschiebung ganz anderer Art, als diejenige, welche die menschlichen Sprache auszeichnet. Das Beispiel der Honigbiene aber zeigt, welche bedeutsame Rolle die zeitliche Organisation des Verhaltens für das Überleben von Tieren spielen kann. Es belegt darüber hinaus, daß die Evolution selbst relativ niedere Tiere mit Mechanismen ausgestattet hat, um Zeit zu bestimmen und individuelle Verhaltensmuster aufeinander beziehen zu können. Die Präzision, mit welcher die Verhaltensmuster einzelner Tiere zu einem komplexen Ganzen synchronisiert werden können, mag im Endergebnis den Eindruck erwecken, als hätten die Individuen eine Vorstellung von Zeit besessen und sich über zeitlich verschobene Ereignisse „abgesprochen". Verfügte die einzelne Biene nicht über hinreichend genaue Mechanismen, die Stunde des Tages zu „schätzen", ließe ihr Tanz sowohl den Stand der Sonne als auch die darauf bezogene Richtung der Futterquelle unbestimmt. Die unerfahrenen Sammlerinnen müßten daher die Futterquelle mehrheitlich verfehlen. Über einen längeren Zeitraum gesehen, verbrauchten die Bienen Energie und Zeit ohne in ausreichender Menge Nahrung zu sammeln. Das Bienenvolk wäre verurteilt, an Hunger und Erschöpfung zu sterben.

Bei vielen Tieren vermitteln „endogene Uhren" eine Art Zeitschaltprogramm, nach welchem bestimmte Aktivitäten und Verhaltensweisen zu bestimmten Stunden des Tages an- und abgestellt werden. Der Überlebenswert solcher Zeitschalter wird am Beispiel des Schlüpfens zweier Falter augenfällig. Die Falter der ersten Art *(Hyalophora cecropia)* schlüpfen überwiegend in den Stunden zwischen Morgendämmerung und frühem Nachmittag aus ihrer Verpuppung. Demgegenüber bevorzugen die Falter der zweiten Art *(Antheraea pernyi)* dafür die späten Abendstunden. Nach dem Schlüpfen bedarf es einiger Zeit um die Flügel aufzuspannen und deren Adersystem auszuhärten. In dieser Phase werden die Tiere leicht Opfer von Vögeln und anderen Freßfeinden. Wenn aber Falter im Schutz der Dämmerung schlüpfen, entkommen viele dem Zugriff ihrer Freßfeinde. Endogene Zeitschalter, welche das Schlüpfen in die frühen Morgenstunden oder den Abend verlegen, verhelfen somit einer größeren Anzahl von Faltern, über die erste, gefahrvolle Phase ihres Lebens hinwegzukommen. Je genauer ein Zeitschaltprogramm die eine oder andere Dämmerungsphase zu erfassen gestattet, desto mehr Falter bleiben am Leben. Wenn sie sich später fortpflanzen, geben sie die Gene, welche dieses erfolgreiche Zeitschaltprogramm bestimmen, an ihre Nachkommen weiter.

Werden verpuppte Falter beider Arten in ein Terrarium gebracht und einem Wechsel von Licht und Dunkelheit (17L : 7D) ausgesetzt, läßt sich beobachten, wie viele Tiere zu bestimmten Tageszeiten schlüpfen. Die Anzahl vollendeter Schlüpfakte wird gegenüber der Tageszeit aufgetragen. Entsprechende Diagramme zeigen dann die unterschiedlichen Zeitschaltprogramme der beiden Arten *Hyalophora cecropia* und *Antheraea pernyi* (Abb. 2–1,A). Wo aber befindet sich die „Zeitschaltuhr"? Diese Frage haben Experimente beantwortet, in welchen den Faltern Hirngewebe entnommen und erneut eingesetzt worden war.

Transplantierte Zeitprogramme

Das Gehirn eines verpuppten Falters läßt sich aus dem kleinen Kopf präparieren. Erstaunlicherweise vermag ein solchermaßen enthirntes Tier selbsttätig zu schlüpfen. Es sprengt seine Hülle mit peristaltischen Bewegungen seines Rumpfes, die ausschließlich von den Ganglien des restlichen Nervensystems gesteuert werden. Mit seinem Gehirn aber hat das Tier seine „Zeitschaltuhr" verloren. Ohne Gehirn schlüpfen die Falter zu beliebiger Tageszeit (Abb. 2–1,B).

Wird das entfernte Gehirn in den Körper des Falters verpflanzt, wirkt es im Bauch des Tieres als Zeitschaltuhr weiter. Falter mit derart implantiertem Hirngewebe schlüpfen je nach Art bevorzugt im Laufe des frühen Nachmittages oder in den Abendstunden (Abb. 2–1,C). Schließlich kann das Gehirn je einem Falter der beiden Arten entfernt und in den Körper des enthirnten Falters der anderen Art verpflanzt werden. Mit die-

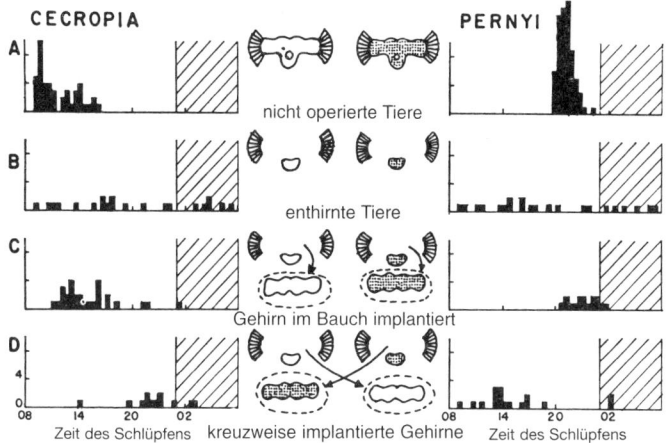

Abb. 2–1: Das Gehirn als Zeitschaltuhr des Verhaltens. A) Zeitliche Verteilung des Schlüpfens zweier Arten von Faltern, *Hyalophora cecropia* und *Antheraea pernyi*. B) Verlust des Zeitschaltprogrammes nach Entfernung des Gehirnes. C) Reaktiviertes Zeitschaltprogramm nach Implantation des Hirngewebes in den Körper eines Falters. D) Übertragung des Zeitschaltprogrammes einer Art auf die andere durch kreuzweise Transplantation von Hirngewebe in den Körper. Entnahme und Übertragungen des Hirngewebes sind schematisch skizziert.

ser kreuzweisen Transplantation von Hirngewebe überträgt sich das entsprechende Zeitprogramm des Schlüpfens. Die Falter der früh schlüpfenden Art *Hyalophora cecropia* übernehmen das Programm der spät schlüpfenden Art *Antheraea pernyi*. Umgekehrt erhalten Tiere der abends schlüpfenden Art das Zeitprogramm der untertags schlüpfenden (Abb. 2–1,D). Losgelöst vom Rest des eigenen Nervensystems wirkt das Hirngewebe im Körper des Falters der anderen Art als Zeitschaltuhr fort. Offensichtlich bedarf es keiner Verbindung von Nervenfasern, dem Körper das Zeitprogramm des Gehirnes zu übermitteln. Statt dessen haben wir anzunehmen, daß transplantiertes Hirngewebe seine zeitgebende Wirkung mit Hilfe chemischer Signale entfaltet.

Die Ökologie der Wühlmäuse

Das *Lauwersmeer* ist einer der jüngsten, dem Atlantik abgerungenen Landgewinne Hollands. Es wurde im Mai 1968 endgültig vom Meer abgetrennt und vollständig eingedeicht. Einer ersten Vegetation folgten verschiedene Arten von Wühlmäusen und begannen, das neue Land rasch zu besiedeln. Es konnte daher genutzt werden, Verhalten und Ökologie dieser kleinen Nager zu untersuchen. Dazu wurden in einem Feld von einem halben Hektar 14 parallele Pfade im Abstand von je fünf Metern angelegt. Entlang dieser Pfade wurden gleichfalls im Abstand von je fünf Metern Fallen aufgestellt. Alle Fallen waren somit auf die Schnittpunkte eines Gitters verteilt, dessen quadratische Flächeneinheit 5×5 m betrug. Die Fallen wurden täglich im Abstand von 20 Minuten begangen und die Anzahl der darin gefangenen Wühlmäuse gezählt. Nach jeder Zählung wurden die Tiere freigelassen. Gegen die Tageszeit aufgetragen, lassen die Fangraten augenfällige Oszillationen mit einer Periode von zwei Stunden erkennen (Abb. 2–2).

In Herbst und Winter war die Periodizität der Fangraten am deutlichsten ausgeprägt. Je länger die Tage im Frühjahr und Sommer wurden, desto mehr schwächte sie sich im Laufe der Tageszeit ab. Zu allen Jahreszeiten aber fiel das erste Maximum der Fangrate in die Zeit anbrechender Morgendämmerung. Offensichtlich begeben sich die Wühlmäuse jeden Morgen zur gleichen Zeit ein erstesmal aus ihren Höhlen und Gängen an die Oberfläche des Feldes, verschwinden wieder gemeinsam unter der Erde und kehren in periodischen Abständen von zwei Stunden an die Oberfläche zurück.

Es könnte zunächst scheinen, als beruhten die rhythmischen Schwankungen des Erscheinens an der Erdoberfläche auf einer integralen Eigenschaft der Population. Demnach entstünde dieser Rhythmus aus einer wechselseitigen Einflußnahme seiner Individuen. Es kann jedoch gezeigt werden, daß jedes Tier für sich alleine einem Zyklus von durchschnittlich zwei Stunden folgt. Zwei Verhaltensweisen, die Futtersuche und die allgemeine Motilität, lassen sich ohne großen Aufwand automatisch

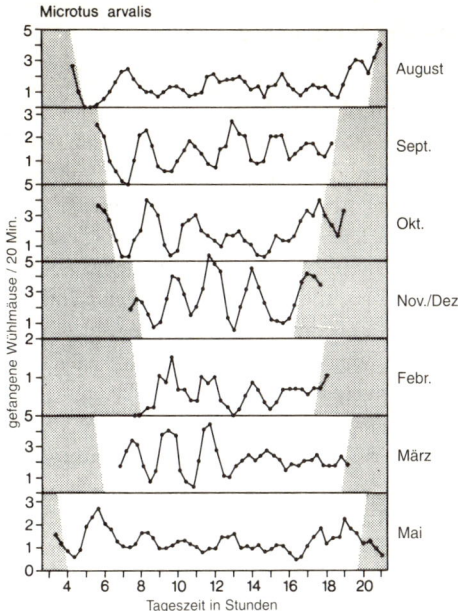

Abb. 2–2: 2-Stunden-Periodik der Fangraten freilebender Wühlmäuse (*Microtus arvalis*). Die Anzahl gefangener Tiere wurde für aufeinanderfolgende Intervalle von 20 Minuten gemittelt. Schraffierte Zonen zu beiden Seiten der Zeitdiagramme bezeichnen die morgendliche und abendliche Phase der Dämmerung.

registrieren. Die einzeln in einem Käfig gehaltene Maus kann mit den Pfoten einen Futterspender betätigen. Sie markiert damit selbst die Zeitpunkte, zu denen sie Nahrung sucht und aufnimmt. Im Gegensatz zum freien Feld gewährt ein Käfig wenig Raum für die Bewegungen des Tieres. Ausgedehnte Phasen lokomotorischer Aktivität aber lassen sich mit Hilfe eines Laufrades aufzeichnen, in dem das Tier imaginäre Wegstrecken zurücklegt. Auftreten und Dauer beider Verhaltensweisen können schließlich fortlaufend von Tag zu Tag in einem 24-Stunden-Raster aufgetragen werden. Dabei bilden sich die Zeitzonen gehäufter Nahrungssuche und vermehrter lokomotorischer

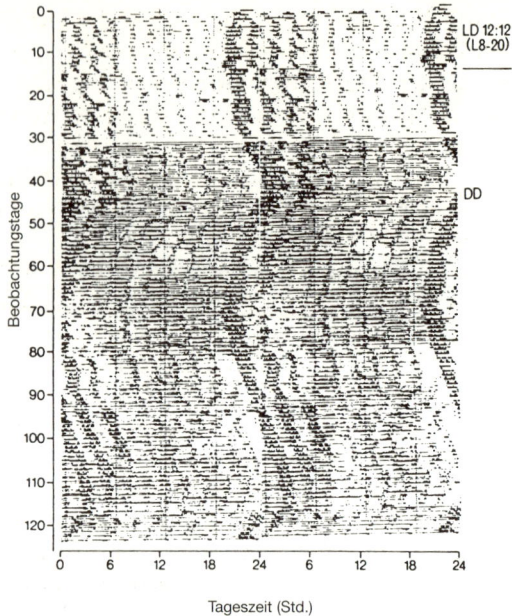

Abb. 2–3: Aktivitätsmuster einer einzelnen Wühlmaus (*Microtus arvalis*). Das Tier wurde im Laufe der ersten 15 Tage in einem Licht-Dunkel-Wechsel von 12 : 12 Stunden gehalten (L : D 12 : 12, L 8–20 Uhr). Vom 16. bis 125. Tag wurde der Käfig dauernd in Dunkelheit gesetzt (DD). Abschnitte lokomotorischer Aktivität im Laufrad und Zeiten, in denen das Tier den Futterspender betätigt hatte, sind nebeneinander in Form schwarzer Balken eingetragen (Futter unten, Laufrad oben). Darstellung im Doppelraster von zweimal 24 Stunden.

Tätigkeit des Tieres in Form periodischer Streifen ab. Der zeitliche Abstand aufeinanderfolgender Streifen beträgt etwa zwei Stunden (Abb. 2–3).

Die dunklen Streifen bezeichnen Phasen vermehrter Lokomotion und Futteraufnahme. Während der ersten 15 Tage war das Tier einem künstlichen Tag- und Nachtwechsel von je zwölf Stunden Helligkeit und zwölf Stunden Dunkelheit ausgesetzt. Im Wechsel von Hell und Dunkel blieb die Periode von zwei Stunden konstant. Jedoch waren die lokomotorischen Schübe in Dunkelheit länger als unter dem Einfluß des Lichtes. Entsprechende Phasen des 2-Stunden-Rhythmus erscheinen an aufeinanderfolgenden Tagen etwa zur gleichen Tageszeit. Daher bilden sich die zeitlichen Zonen von Ruhe und Aktivität in Form eines periodischen Musters weißer und schwarzer Streifen ab. Das Streifenmuster erscheint bezüglich der Tageszeit festzustehen und fügt sich in die lange Periode des Wechsels 12-stündiger Hell- und Dunkelphasen ein.

Nach dem 15. Tag wurde das Tier ausschließlich in Dunkelheit gehalten. Dies blieb offensichtlich ohne Einfluß. Der 2-Stunden-Rhythmus setzte sich in allen weiteren Tagen kontinuierlich fort. Überraschenderweise fielen nach wie vor kürzere und längere lokomotorische Phasen in jene Zeitabschnitte, in denen zuvor Helligkeit und Dunkelheit geherrscht hatten. Dieser Unterschied blieb bestehen, obwohl das Tier in fortdauernder Dunkelheit lebte. Das Verhalten des isolierten Tieres scheint damit von zwei unterschiedlichen Rhythmen bestimmt zu sein: einem 2-Stunden-Rhythmus und einem tagesperiodischen Rhythmus, der nicht genau, sondern nur ungefähr der 24-Stunden-Periodik des Wechsels von Tag und Nacht entspricht. Während fortgesetzter Dunkelheit lief dieser Tagesrhythmus zunächst mit einer Periode von etwas mehr als 24 Stunden. Man erkennt dies daran, daß sich das gesamte Zeitmuster einschließlich seiner periodischen Streifen bis zum 45. Tag zunehmend von links nach rechts verschiebt. Danach verkürzt sich die Periode des Tagesrhythmus auf etwas weniger als 24 Stunden. Entsprechend driftet das Muster bis zum 70. Tag leicht von rechts nach links. Dann verlängert sich die ungefähre Tagesperiodik erneut auf einen Wert von etwas mehr als 24 Stunden und läßt das Streifenmuster abermals nach rechts driften. Da diese ungefähre Tagesperiodik unter den genannten Bedingungen nicht durch äußere Einflüsse induziert werden konnte und selbst unter fortdauernder Dunkelheit bestehen blieb, muß sie endogener Natur sein. Solche endogenen Tagesrhythmen haben Periodenlängen, die nicht exakt, sondern nur ungefähr den 24 Stunden der geophysikalischen Tagesperiodik entsprechen. Sie heißen daher ungefähre Tagesrhythmen oder *circadiane* Rhythmen. Kürzere Rhythmen mit Periodenlängen von einer oder wenigen Stunden werden dagegen *ultradiane* Rhythmen genannt, da sie mit einer höheren Frequenz als die circadianen Rhythmen schwingen. Demnach bestimmt ein circadianer und ein ultradianer Rhythmus, zu welchen Zeiten des Tages die einzelne Wühlmaus Nahrung zu suchen beginnt und dabei längere Wegstrecken zurücklegt. Die 2-Stunden-Periodik des ultradianen Rhythmus ist in diejenige des circadianen eingebettet. Beide Rhythmen weben gleichsam ein zeitliches Muster unterschiedlicher Phasen, innerhalb derer das Tier umherläuft und nach Nahrung sucht.

Hält man mehrere Wühlmäuse in einem Käfig, kann aus der Beobachtung ihrer individuellen Aktivitäten eine Gruppenaktivität bestimmt werden. Die Bewegungen der Tiere lassen sich beispielsweise mit Hilfe eines Infrarotstrahles messen, der einen verbindenden Röhrengang zwischen zwei Raumteilen des Käfigs durchdringt. Die Häufigkeit mit welcher diese Lichtschranke von den Tieren unterbrochen wird, kann als Maß ihrer Gruppenlokomotion angesehen werden. Wird dieses Maß der Gruppenlokomotion gegen die Tageszeit aufgetragen, ergibt sich die gleiche 2-Stunden-Periodik, die auch am einzelnen Tier beobachtet werden kann. Verhaltensrhythmen der einzelnen Tiere werden also aufgrund sozialer Wechselwirkungen synchronisiert. Wenn Wühlmäuse im Freiland ihre Höhlen in periodischen Abständen von zwei Stunden verlassen und an die Oberfläche des Feldes kommen, darf diese Periodizität nicht als integrale Eigenschaft der Population mißdeutet werden. Jedes Tier trägt in sich eine ultradiane Uhr, die mit einer Periode etwa zwei Stunden läuft. Diese Uhr reguliert das Verhalten des Tieres und schaltet dessen lokomotorische Aktivität an und ab. Leben mehrere Tiere im sozialen Verband zusammen, können sich die ultradianen Verhaltenszyklen koppeln und entsprechende Phasen innerhalb eines gemeinsamen Zeitrasters synchronisieren. Daraus erwächst schließlich eine Periodizität des Verhaltens der gesamten Population.

Ultradiane Kurzzeitrhythmen also regeln bei freilebenden Mäusepopulationen deren Futtersuche an der Oberfläche des Fel-

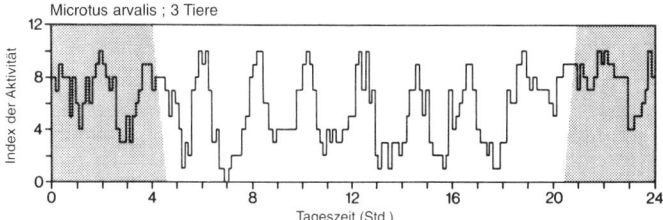

Abb. 2–4: *Ultradiane* 2-Stunden-Periodik der lokomotorischen Gruppenaktivität dreier Wühlmäuse. Die Tiere konnten durch eine Röhre zwischen zwei Raumteilen eines Käfiges wechseln. Dabei passierten sie eine Lichtschranke, mit deren Hilfe die lokomotorische Aktivität der Gruppe bestimmt wurde. Graue Zeitzonen zu beiden Seiten des Diagrammes bezeichnen die morgendliche und abendliche Dämmerung.

des. Zwischen ihren Ausflügen an die Oberfläche halten sich die Tiere in ihren unterirdischen Gängen und Höhlen auf. Dementsprechend ist die Jagd nach Wühlmäusen für Bussarde, Falken und Eulen auf diejenigen Zeiten beschränkt, in denen die Wühlmäuse gehäuft an die Erdoberfläche kommen. Diese periodische Exposition für Freßfeinde beeinflußt in überraschender Weise das Risiko einer Maus, von einem Greifvogel erbeutet zu werden. Wir können die Zahl in den Fallen gefangener Mäuse als Maß für die Menge derjenigen Tiere nehmen, die innerhalb eines Zeitabschnittes außerhalb ihrer schützenden Gänge Nahrung suchen. Das relative Risiko der einzelnen Maus bestimmt sich dann durch die Anzahl der im selben Zeitraum von Beutegreifern erlegten Tiere geteilt durch die Zahl der pro Stunde in den Fallen gefangenen. Diese Berechnung führt zu einem bemerkenswerten Resultat. Das relative Risiko einer aktiven Maus ist um ein Zweifaches höher als der Durchschnitt, wenn das einzelne Tier während der Wellentäler des Populationszyklus an die Oberfläche des Feldes tritt. Demgegenüber ist das Risiko, gefressen zu werden, für diejenigen Tiere geringer, die sich zeitlich synchron mit der Mehrheit der Population auf Nahrungssuche begeben. Offensichtlich gibt es für das einzelne Tier eine Sicherheit im Schutz der großen Zahl. Die Ökologie der Wühlmaus lehrt uns damit, daß die soziale

Synchronisation endogener Verhaltensrhythmen dem Individuum eine größere Chance des Überlebens vermittelt.

Zusammenfassend dürfen wir die „innere Uhr" der Wühlmaus mit einer gebräuchlichen, technischen Uhr vergleichen, die üblicherweise zwei Zeiger besitzt. Der Stundenzeiger läuft mit einer langen Zyklusdauer und entspricht daher dem circadianen Rhythmus. Der Minutenzeiger läuft um ein Vielfaches schneller als der Stundenzeiger. Wir können ihn dem ultradianen Rhythmus gleichsetzen. Ganze Vielfache der kurzen Periode des ultradianen Rhythmus gehen näherungsweise in der Periode des circadianen Rhythmus auf. Beide Rhythmen sind also in ähnlicher Weise aufeinander abgestimmt wie die Umlaufzyklen von Stunden- und Minutenzeiger einer technischen Uhr. Die circadiane und ultradiane Periodik im Verhalten eines Tieres sind unterschiedliche, doch aufeinander bezogene Zyklen eines biologischen „Uhrwerkes". Im Gegensatz zu technischen Chronometern aber gehen biologische „Uhrwerke" nicht genau und müssen deshalb wiederholt „gestellt" werden. Für die „inneren Uhren" freilebender Wühlmäuse scheint dies das morgendliche Dämmerlicht zu besorgen (Abb. 2–2). Im Laufe des Tages „tikken" dann die biologischen Uhren einer Gruppe von Wühlmäusen gleich. Die Population der Mäuse gleicht einem Uhrenladen, dessen Besitzer darauf achtet, daß alle dort ausgestellten Uhren die Tageszeit korrekt anzeigen. Diese Synchronisation individueller Verhaltenszyklen entspricht derjenigen, die wir im vorausgegangenen Kapitel am Beispiel einer Dorfgemeinschaft kolumbianischer Indianer und Gruppen freilebender Affen beschrieben haben. Für die Gemeinschaft menschlicher Sammler und Jäger und die Population der kleinen Nager vermittelt die Synchronisation endogener Verhaltensrhythmen ein gemeinsames Zeitraster, dessen biologischer Wert offensichtlich darin liegt, das Überleben des einzelnen im Verbund gemeinschaftlicher Aktivitäten zu sichern.

Wo ist das „innere" Uhrwerk angelegt?

Wir hatten bereits gesehen, daß bestimmte Insekten artspezifische Zeitprogramme ihres Verhaltens verlieren, sofern den Tieren das Gehirn entnommen wird. Dieselben Zeitprogramme aber begannen erneut zu wirken, wenn das Hirngewebe in den Körper desselben Tieres oder denjenigen eines Tieres der anderen Art transplantiert worden war. Ähnliche Transplantationen gelingen auch bei Wirbeltieren, insbesondere bei kleinen Nagern, wie Mäusen, Ratten und Hamstern. Es ist jedoch nicht das Gehirn als Ganzes, sondern ein kleiner, eng umschriebener Bezirk, der zumindest einen wesentlichen Teil des „inneren Uhrwerks" enthält. Er liegt über jener Stelle, an der sich die Sehnerven beider Augen kreuzen. Man nennt diese Kreuzung das *Chiasma*. Oberhalb des *Chiasmas* verdichtet sich das neuronale Zellgewebe in einem Volumen von wenigen Kubikmillimetern. Das Gehirn enthält viele derartige Verdichtungszonen, die man *Kerne* oder *Nuclei* nennt. Das spezielle Kerngebiet über dem *Chiasma* heißt seiner Lage wegen *suprachiasmatischer Nucleus* (SCN). Die experimentelle Zerstörung dieses kleinen Kernes löscht den circadianen Rhythmus und bei einigen Arten auch ultradiane Zyklen aus.

Ähnlich der lokomotorischen Aktivität einer Wühlmaus kann diejenige einer Ratte mit Hilfe eines Laufrades gemessen und in einer Zeitkarte aufgetragen werden. Wird der Käfig unter konstanten Bedingungen gehalten, läuft der circadiane Rhythmus frei. In der Regel ist dessen Periode etwas länger als 24 Stunden und schließt daher nicht mit dem Intervall von 24 Stunden ab. Dementsprechend versetzt sich die Phase erhöhter lokomotorischer Aktivität von Tag zu Tag etwas nach rechts. Das gesamte Muster driftet schräg von oben nach unten durch die Zeitkarte (Abb. 2–5). Das circadiane Band der lokomotorischen Aktivität ist in drei feinere, periodische Streifen unterteilt, in denen sich ein ultradianer Rhythmus zu erkennen gibt. Eine Periode dieses ultradianen Zyklus fällt im Verlauf der circadianen Halbphase verminderter Aktivität aus. Am 50. Tag wurde das Gebiet des suprachiasmatischen Nucleus zerstört.

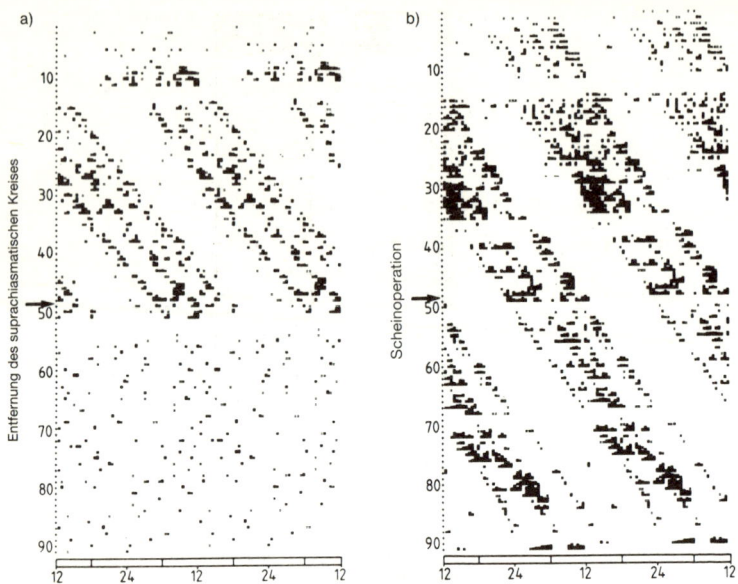

Abb. 2–5: a) Erlöschen von circadianer und ultradianer Periodik der lokomotorischen Aktivität einer Ratte infolge einer experimentellen Zerstörung des *suprachiasmatischen Nucleus*. b) Circadiane und ultradiane Periodik vor und nach einer Scheinoperation eines Kontrolltieres.

Ein derartiger Eingriff läßt alle übrigen Strukturen des Gehirnes unversehrt. Das Tier lebt weiter und vermag nach wie vor unbehindert umherzulaufen und Futter zu suchen. Infolge des Eingriffes aber hat sich die charakteristische Gliederung seines Verhalten nach circadianen und ultradianen Rhythmen verloren. Die Zeitkarte zeigt statt dessen ein unregelmäßiges Streumuster vieler, kurzer Lokomotionsschübe (Abb. 2–5 a).

Man könnte einwenden, das Versuchstier sei infolge des operativen Eingriffes beeinträchtigt und hätte deshalb seine Bewegungen „eingefroren". Um diesem Einwand zu begegnen, wurde ein zweites Tier zum Schein operiert. Der Experimentator führte alle operativen Schritte einschließlich Narkose, Eröffnung des Schädeldaches und Schließen der Knochenlücke aus, unter-

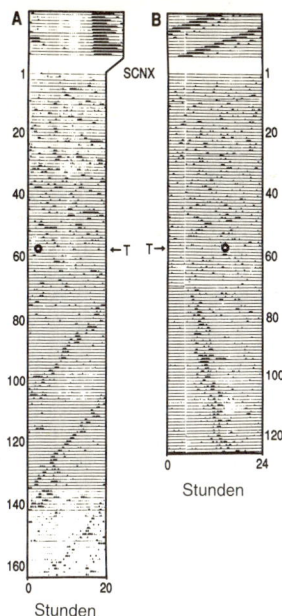

Abb. 2-6: Unterschiedliche Circadianrhythmen der motorischen Aktivität zweier Hamster, Wildtyp A und genetische Mutante B. Auflösung der circadianen Periodik infolge einer Entfernung des suprachiasmatischen Nucleus (SCNX). Kreuzweise Transplantation des suprachiasmatischen Nucleus von Tieren des jeweils anderen Stammes (T). Wiederhergestellte Circadianrhythmen.

ließ aber eine Läsion des suprachiasmatischen Nucleus. Das derart operierte Tier erlitt also den gleichen Streß und bedurfte der gleichen Rekonvaleszenz. Es zeigte jedoch das nämliche Zeitmuster eines intakten circadianen Rhythmus mit eingebundener Ultradianperiodik, welches bereits vor der Scheinoperation zu beobachten war (Abb. 2–5 b).

Von den kleinen Nagern können verschiedene Stämme gezüchtet werden, deren Individuen sich in Periode und Amplitude ihres circadianen und ultradianen Rhythmus unterscheiden. Der erste Stamm kann beispielsweise Tiere eines Wildtyps enthalten, während die Tiere des zweiten Stammes genetische *Mutanten* dieses Wildtypes sind. Aus Kreuzungsexperimenten mit solchen reinen Stämmen läßt sich schließen, daß Periode und Amplitude der endogenen Rhythmen genetisch bestimmt und nach den Mendelschen Gesetzen an die Nachkommen vererbt werden (Wollnik et al., 1987).

Unterschiedliche Circadianrhythmen lassen sich beispielwese an einer Hamsterart und deren Mutante belegen. Die lokomotorischen Aktivitätsmuster des Wildtyps und seiner Mutante sind in den oberen Abschnitten zweier Zeitkarten dargestellt (Abb. 2–6 A und B). Der Wildtyp besitzt eine freilaufende Circadianperiodik von 24,05 Stunden. Daher driftet die schwarze Zone gehäufter Bewegungsaktivität leicht von links nach rechts. Demgegenüber besitzt die Mutante eine kürzere Circadianperiodik von 21,7 Stunden. Die schwarzen Zonen gehäufter Lokomotion driften hier von rechts nach links. Beiden Tieren wurde das Gewebe des suprachiasmatischen Nucleus zerstört (SCNX). Daraufhin verteilt sich die lokomotorische Aktivität beider Tiere in Form eines unregelmäßigen Streumusters. Zwei kleine Kreise in den Zeitkarten bezeichnen Zeitpunkte, zu denen beiden Tieren neuronales Gewebe des suprachiasmatischen Nucleus von Hamstern des jeweils anderen Stammes anstelle der zerstörten Kerne eingepflanzt wurde. Die kreuzweise Transplantation stellt in beiden Tieren den circadianen Rhythmus wieder her. Jedoch besitzt jetzt der Wildtyp die circadiane Periode der Mutante, während die Mutante den Circadianrhythmus des Wildtyps übernommen hat (Ralph et al., 1990).

3. Das Gefüge biologischer Rhythmen

Abgesehen von den physiologischen Begleiterscheinungen des Menstruationszyklus bleibt uns die regulative Wirkung endogener Rhythmen meist verborgen. Insbesondere wird ihr Einfluß auf unser Verhalten mehrfach von äußeren Abläufen überdeckt, da wir uns großenteils nach terminlichen Vorgaben der alltäglichen Zeitplanung und künstlich gesetzten Zyklen des industriellen Erwerbslebens zu richten haben. Daher meinen viele, Befinden und Verhalten des Menschen änderten sich im Laufe der Tageszeit infolge des Wechsels von Tag und Nacht oder anderer, damit verbundener Reglements. Dementsprechend wären verschiedene Rhythmen unserem Verhalten und den physiologischen Funktionen des Organismus von außen aufgeprägt. Im Gegensatz zu dieser populären Ansicht aber sind sie endogener Natur. Dies wird in dramatischer Weise augenfällig, wenn ihr funktionales Gefüge gestört ist. Derartige Störungen der endogenen Zeitstruktur liegen bestimmten Formen psychischer Erkrankungen zugrunde, die wir *Zyklothymien* nennen. Das gefühlsmäßige Erleben der betroffenen Patienten ist gestört und verläuft in spontan auftretenden und wiederkehrenden Phasen depressiver Verstimmung. Jeder depressiven Phase folgt ein Intervall, welches der Patient in normaler oder auch übertrieben hochgestimmter Verfassung durchlebt. Die Patienten lassen sich drei Gruppen zuordnen: (1) Saisonale Zykliker, bei welchen manische und depressive Episoden zu bestimmten Jahreszeiten wiederkehren, (2) schnelle Zykliker, deren manische und depressive Phasen einander mit Perioden von wenigen Tagen oder Wochen folgen, und (3) eine spezielle Gruppe von Patienten, die je einen Tag manisch und einen Tag depressiv gestimmt erleben. Der Zyklus beträgt hier genau 48 Stunden. Manche dieser Personen gleiten innerhalb einer Stunde oder weniger Minuten von einem Zustand in den anderen. Am Beispiel der Zeitstruktur einer *Zyklothymie* läßt sich zeigen, welchen Beitrag die *Chronobiologie* für das Verständnis bestimmter Krankheitsbilder zu leisten vermag.

Die komplexe Zeitstruktur einer Zyklothymie

Neben zyklischen Schwankungen der allgemeinen Stimmung eines *zyklothymen* Patienten verändern sich auch verschiedene Körperfunktionen und Verhaltensweisen. So folgt die Schwankung der Körpertemperatur im Laufe des Tages dem manisch-depressiven Zyklus, während im Verhalten des Patienten vor allem zyklisch wiederkehrende Störungen des nächtlichen Schlafes auffallen. Langzeitstudien an einzelnen Personen lassen erkennen, daß der *zyklothymen* Störung ein komplexes Zeitmuster unterschiedlicher Rhythmen zugrunde liegt. Der Fall einer 48jährigen Patientin kann dies belegen.

Im Verlauf von 240 Tagen hatte die Patientin den Grad ihrer depressiven Stimmung anhand einer sechsteiligen Skala selbst einzuschätzen, je einmal am Morgen und einmal am Abend. Außerdem wurde die Tageskurve ihrer Körpertemperatur festgehalten. Im Verlauf der Nächte ließen sich die Schlafstadien der Patientin anhand ihres fortlaufend aufgezeichneten Elektroenzephalogramms (EEG) bestimmen. Das EEG stellt die elektrische Summenaktivität des Hirngewebes dar und weist in bestimmten Stadien des Schlafes charakteristische Muster auf. In ihrer manischen Phase gab sich die Patientin energisch und aufgeschlossen. Sie war euphorisch und auffallend mitteilsam. Während ihrer depressiven Phase verhielt sie sich ruhig und zurückgezogen. Ihre physische Aktivität war vermindert. Ihr Denken und Sprechen wirkte verlangsamt. Sie fühlte sich pessimistisch und äußerte manchmal die Absicht, sich selbst zu töten. Zu keiner Zeit jedoch waren die Symptome ihrer Krankheit so stark ausgeprägt, daß sie die Patientin veranlaßt hätten, die Messungen der Körpertemperatur oder die Ableitung des Elektroenzephalogramms zu verweigern.

Für jeden Tag wurde der Zeitpunkt bestimmt, da die Körpertemperatur ihr Tagesmaximum erreicht hatte. Dieser Zeitpunkt heißt *Akrophase*. Er lag nicht fest, sondern verlagerte sich von Tag zu Tag innerhalb einer Spanne von fünf bis sechs Stunden langsam vor und zurück. Diese Verschiebungen des Temperaturmaximums waren unmittelbar an den Zyklus von Manie

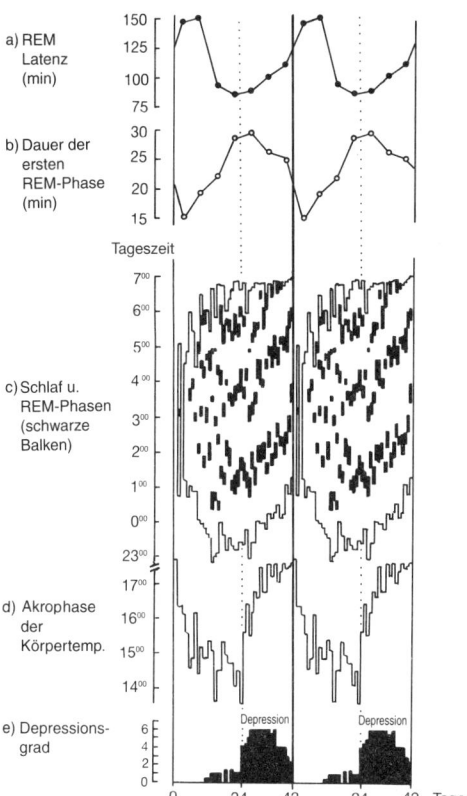

Abb. 3–1: Zeitstruktur einer *Zyklothymie*. Sie zeigt, in welcher Weise sich die Regulation der Körpertemperatur, der Schlaf und dessen zeitliche Architektur im Laufe des 42-Tage-Zyklus von Manie und Depression verändern. a) REM-Latenz (Abstand zwischen Schlafbeginn und der ersten REM- oder Traumphase) b) Dauer der ersten REM-Phase (Traumschlaf) c) Beginn und Ende des Schlafes, Schwarze Balken innerhalb der Schlafzone bezeichnen die REM-Phasen d) Verschiebungen des Tagesmaximums der Körpertemperatur (Akrophase). e) Selbstschätzungen des Grades der depressiven Verstimmung. Die Stimmung der Patientin schlug durchschnittlich am 24. Tag des 42-Tage-Zyklus aus der manischen Phase in die Depression um. Daten aus insgesamt 240 Tagesbeobachtungen.

und Depression gebunden (Abb. 3–1). Zu Beginn einer manischen Phase lag das Maximum der Körpertemperatur in den Stunden des späten Nachmittags. Von dort verlagerte sie sich im Fortgang der manischen Phase gleitend nach vorne. Schließlich wurde das Maximum der Körpertemperatur am Ende der manischen Phase gegen 14.00 Uhr gemessen. Am 24. Tag schlug die Stimmung der Patientin in Depression um. Die Akrophase der Körpertemperatur sprang auf 16.00 Uhr und glitt im Laufe der Depressionsphase weiter in den späten Nachmittag zurück. Am 42. Tag brach die Depression jäh ab. Die Patientin befand sich wieder im manischen Zustand. Ein neuer Zyklus begann, dessen manische Halbphase das Maximum der Körpertemperatur wieder von Tag zu Tag in Richtung des frühen Nachmittags verschob.

Ähnlich dem Zeitpunkt der maximalen Körpertemperatur, verlagerte sich auch der Beginn des nächtlichen Schlafes. Im Verlauf der manischen Phase schlief die Patientin von einem Tag zum anderen etwas früher ein. Am Ende der manischen Phase begann ihr Schlaf zwischen 23.00 und 24.00 Uhr. Nach dem Übergang in die Depression verlagerte sich der Beginn des Schlafes wieder von Tag zu Tag weiter in die ersten Morgenstunden zurück. Nach dem 48. Tag rückte dann im Fortgang der manischen Halbphase des neuen Zyklus der Beginn des Schlafes wieder noch vorne.

Auch das Ende des Schlafes verlagerte sich systematisch im Ablauf des Zyklus. Die Patientin schlief am längsten im letzten Abschnitt ihrer depressiven Phase. Wenn sie am 42. Tag aus dem depressiven Zustand in die manische Phase wechselte, verkürzte sich auch sprungartig die Dauer ihres nächtlichen Schlafes. Zu Beginn der manischen Phase erwachte die Patientin bereits gegen 4.00 Uhr. In der Folge verschob sich dann der Zeitpunkt des Erwachens immer weiter in die späteren Morgenstunden.

Wird im Verlauf das Schlafes einer gesunden Person das EEG registriert, zeigen sich darin charakteristische Muster. Anhand dieser Muster lassen sich verschiedene Stadien des Schlafes unterscheiden. Eines dieser Stadien geht mit ruckartigen Augenbewegungen einher, die sich unter den geschlossenen Lidern des Schläfers beobachten lassen. Sie können aber auch aufgrund elektrischer Begleitphänomene in ähnlicher Weise registriert werden, wie dies im Fall des EEG getan wird. Das Stadium schneller Augenbewegungen heißt *REM-Schlaf* (Rapid Eye Movements = schnelle Augenbewegungen). Es ist häufig von Träumen begleitet. Im Laufe einer Nacht kehrt es in Abständen von 1,5 bis 2,5 Stunden wieder. Der Schlaf ist also selbst wieder periodisch unterteilt. Gleiches traf auch für die *zyklothyme* Patientin zu. Innerhalb der Zeitzone ihres Schlafes häuften sich die beobachteten REM-Phasen in drei periodischen Bändern. Sie gleichen hängenden Girlanden, die zwischen Beginn und Ende des Zyklus von 48 Tagen aufgespannt wurden. Die erste *REM-Phase* einer Nacht stellt sich ungefähr zwei Stunden nach Beginn des Schlafes ein. Es scheint, als werde mit dem Zeitpunkt des Einschlafens ein eigener, ultradianer Zyklus von REM-Phasen in Gang gesetzt. Da sich der Beginn des Schlafes im Zyklus von Manie und Depression verschiebt, häufen sich die REM-Phasen in drei parallelen Bändern (Abb. 3–1).

Zu Beginn der manischen Phase dauert es durchschnittlich 150 Minuten, bis die erste REM-Phase erscheint. Der Abstand zwischen dem Beginn des Schlafes und der ersten REM-Phase, die *REM-Latenz*, wird von Nacht zu Nacht kürzer. Im Übergang von Manie und Depression erreicht sie ein Minimum von 80 Minuten und wird dann wieder länger. Umgekehrt verhält es sich mit der Dauer der ersten REM-Phase. Sie ist um so länger, je früher sie einsetzt (Abb. 3–1a und b).

Der *zyklothymen* Störung liegt also ein komplexes Zeitmuster zugrunde, innerhalb dessen Rhythmen verschiedener Perioden und wechselnder Phasenbeziehungen verwoben sind. Diese Zeitstruktur weist auf eine Dynamik wechselseitig gekoppelter, endogener Rhythmen hin. Wie in unserem Beispiel geht die *Zyklothymie* auch bei anderen manisch-depressiven Patienten mit Störungen des Schlafes einher. Einige der Patienten können schlecht einschlafen, andere vermögen nicht für mehrere Stunden durchzuschlafen. Am häufigsten aber ist das vorzeitige Erwachen. Veränderungen im System endogener Mechanismen, welche das tägliche Muster von Schlaf und Wachen steuern, könnten daher beteiligt sein, das Zeitmuster *zyklothymer* Störungen zu formen. Dies zu verstehen, wenden wir uns zunächst dem Schlaf-Wach-Verhalten gesunder Personen zu.

Endogene Rhythmen des Schlaf-Wach-Verhaltens

Sofern uns nicht ein Wecker ruft, erwachen wir selbsttätig aus dem nächtlichen Schlaf, wenn die Morgendämmerung allmählich dem Tageslicht weicht oder die Geräusche des Straßenverkehrs lauter und zahlreicher in unseren Wohnraum dringen. Abgesehen von wenigen, die einen kurzen Mittagsschlaf halten, bleiben erwachsene Personen meist bis zum späteren Abend wach. Sie gehen zu Bett, nachdem sich ein Gefühl von Müdigkeit eingestellt hat, das sie als Folge eines anstrengenden Tages deuten mögen. Vielen scheint es daher, als prägten Tag und Nacht dem menschlichen Organismus ihre Periodik auf. Dies triff jedoch nicht zu. Schlaf- und Wachphasen setzen sich auch dann periodisch fort, wenn ein Mensch ohne Uhr und folglich ohne Kenntnis der Tageszeit in einer Höhle oder einem Bunker lebt, der ihn vor Einflüssen des äußeren Tag-Nacht-Wechsels abschirmt. Es ist eine selbsttätig laufende, *innere Uhr,* welche die Phasen von Schlaf und Wachen mit einer eigenen Periode reguliert. Unbeeinflußt von Faktoren der äußeren Tagesperiodik läuft diese *innere Uhr* frei. Ihre Dynamik entwickelt dabei eine eigene Periode, die meist etwas mehr als 24 Stunden beträgt. Sie entspricht also nicht genau dem Intervall des geophysikalischen Tages. Wir hatten bereits im vorausgegangenen Kapitel Beispiele einer *ungefähren Tagesperiodik* kennengelernt und sie als *circadiane* Periodik oder *Circadianrhythmus* bezeichnet. Zeitmuster des Schlaf-Wach-Verhaltens von sechs Personen, die für mehrere Monate alleine in Isolationsbunkern oder Höhlen gelebt haben, können als Belege des menschlichen *Circadianrhythmus* dienen. Für chronobiologische Studien wurden an verschiedenen Orten Laborbunker mit komfortablen Wohneinheiten eingerichtet, in denen einzelne Personen längere Zeit leben konnten. Andere schlugen in tiefgelegenen Höhlen Biwakzelte auf und verbrachten so mehrere Monate ohne zeitliche Anhaltspunkte. Wenn sich eine dieser Personen zur Ruhe legte, löschte sie das Licht. Außerhalb konnte dies als Beginn des Schlafes registriert werden. Wenn die Person aufstand, knipste sie das Licht an und bezeichnete damit das Ende des Schlafes. Beginnend mit dem ersten Tag der zeitlichen Isolation wurden so Schlaf- und Wachphasen Tag für Tag festgehalten.

Die beobachteten Sequenzen von Schlaf- und Wachphasen wurden in 24-Stundensegmente unterteilt, die dem äußeren Tagesintervall von 0.00 und 24.00 Uhr entsprachen. Innerhalb eines solchen Segmentes bezeichnet ein schwarzer Balken Lage und Dauer einer Schlafphase. Beginnend mit dem ersten Tag der Isolation wurden aufeinanderfolgende Segmente von oben nach unten angeordnet. So entstand für jede Person eine *Zeitkarte*. Sie zeigt, in welcher Weise sich Schlaf und Wachphasen innerhalb des Intervalles von 0.00 und 24.00 Uhr verteilen. Ohne einen Anhaltspunkt für die wirkliche Tageszeit entwickelt die Person im Bunker einen freilaufenden Circadianrhythmus. Den Gang dieses circadianen Rhythmus zu veranschaulichen, wurde je eine Kopie der Zeitkarte dem Original seitlich angefügt. Jede Schlaf- und Wachphase des ersten Tages setzt sich dann graphisch in den zweiten Tag fort. Innerhalb des Doppelrasters von zweimal 24 Stunden bildet sich das Schlaf-Wach-Verhalten der einzelnen Personen in Form eines Musters periodisch angeordneter, schwarzer und weißer Streifen ab (Abb. 3–2).

Entspräche die Periode des freilaufenden Circadianrhythmus genau einem Intervall von 24 Stunden, lägen alle schwarzen Balken der Schlafphasen untereinander und bildeten innerhalb des Doppelrasters zwei senkrecht verlaufende, schwarze Streifen, einen zu Beginn des ersten und einen zu Beginn des zweiten 24-Stunden-Segmentes. Beträgt demgegenüber die Periode des Circadianrhythmus – sie entspricht der Summe aus Schlaf- und Wachphase – etwas mehr als 24 Stunden, schließt sie nicht vollständig mit einem 24-Stunden-Segment ab. Nehmen wir beispielsweise an, die Periode des freilaufenden Circadianrhythmus sei 25 Stunden. Dann schläft der Träger dieses Rhythmus

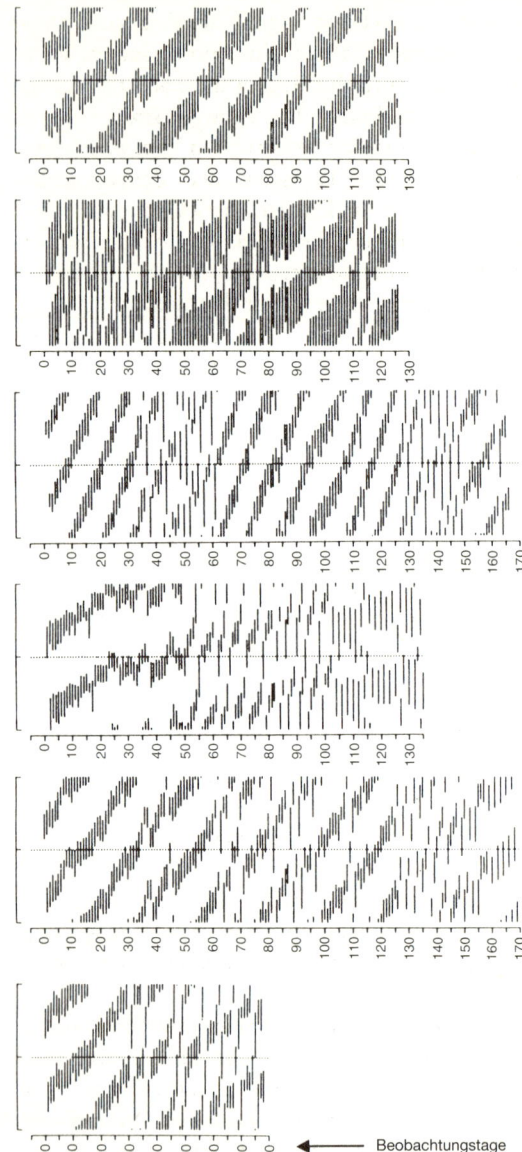

Abb. 3–2: Zeitkarten des Schlaf-Wach-Verhaltens von sechs Männern, die für drei bis sechs Monate allein in Bunkern oder Höhlen gelebt haben. Die Zeitkarten zeigen die Daten im Doppelraster von zweimal 24 Stunden. Schwarze Balken bezeichnen die selbstbestimmten Phasen des Schlafes.

← Beobachtungstage

um je eine Stunde in den nächsten Tag hinein. Er beginnt seine Wachphase jeden folgenden Tag um eine Stunde später. Infolgedessen verschiebt sich auch der Beginn des nächstfolgenden Schlafes abermals um eine Stunde. Das gesamte Streifenmuster der Schlaf- und Wachphasen driftet so mit den Tagen der Isolation gegenüber der äußeren Tageszeit. Die Zeitzonen der Schlaf- und Wachphasen bilden ein periodisches Muster schwarzer und weißer Streifen, die schräg durch das Doppelraster der Zeitkarten verlaufen (Abb. 3–2).

In solchen und ähnlichen Studien zeigt die Mehrzahl der untersuchten Personen einen freilaufenden Circadianrhythmus, dessen Periode etwas mehr als 24 Stunden beträgt. Die Tendenz der Personen, von einem Tag zum anderen jeweils etwas länger in den folgenden Tag hineinzuschlafen und folglich auch den Beginn des Schlafes immer weiter in eine spätere Abendstunde zu verschieben, zeichnet diese Personen als „Nachtmenschen" oder „Eulen" aus. Demgegenüber gibt es Personen, deren freilaufende Circadianperiodik etwas weniger als 24 Stunden beträgt. Sie schließen jeden Tag etwas früher ab, gehen also zeitiger zu Bett und erwachen tendenziell von Tag zu Tag etwas früher. Solche Personen sind „Morgenmenschen" oder „Lerchen".

Ungeachtet langer Isolationszeiten von drei bis sechs Monaten, bleibt das periodische Arrangement der Schlaf- und Wachphasen selbst nach mehreren Monaten der Zeitisolation bestehen. Wäre die Periodizität dem Organismus nur aufgeprägt, könnte sie für einige Zeit unter Bedingungen der Isolation fortlaufen, müßte sich dann aber abschwächen und völlig verschwinden. Anstelle periodischer Streifen sollte ein unregelmäßiges Musters schwarzer Balken und weißer Zwischenintervalle treten. Dies aber ist selbst nach sechs Monaten der Isolation nicht zu beobachten. **Dem Muster der Schlaf- und Wachphasen unterliegt ein endogener, circadianer Rhythmus.** Verlassen die Personen den Bunker oder die Höhle, setzen sie ihre circadiane Uhr erneut dem Wechsel von Tag und Nacht aus. Die circadiane Uhr wird dann von Einflüssen, die mit diesem Wechsel verbunden sind, gleichsam neu gestellt und erfährt fortlaufend Korrekturen ihrer Eigenperiode. Schließlich wird die Wachphase mit dem Tag, die Schlafphase mit der Nacht verbunden. Die Periode von Schlaf und Wachen beträgt dann exakt 24 Stunden. Dementsprechend ordnet sich das Muster der Schlaf- und Wachphasen wieder zu senkrecht verlaufenden Schwarz-Weiß-Streifen. Die Einflüsse des natürlichen Wechsels von Tag und Nacht sind also darauf beschränkt, die innere, circadiane Uhr des Schlaf-Wach-Verhaltens zu stellen und deren Gang dem geophysikalischen Zyklus von Tag und Nacht anzugleichen. Man nennt daher solche äußeren Einflüsse *Zeitgeber* oder *Synchronisatoren*.

Interne Desynchronisation

Der Schlaf ist eine Zeit der Erholung und ein Zustand herabgesetzten Stoffwechsels. Dementsprechend wird weniger Energie verbraucht, und die Kerntemperatur des Körpers sinkt. Es wundert daher nicht, wenn auch die Körpertemperatur mit dem Wechsel von Schlaf und Wachen schwankt. Unter Bedingungen der zeitlichen Isolation nimmt sie einen circadianen Verlauf. Sie erreicht ein Maximum während der Wachphase und sinkt im Laufe des Schlafes auf ihren tiefsten Tageswert. Wenn unter Zeitisolation der circadiane Schlaf-Wach-Rhythmus frei zu laufen beginnt, folgt ihm die Körpertemperatur. Die Zeitpunkte, zu denen die Temperatur ein Maximum oder ein Minimum annimmt, driften in derselben Weise, wie es die Schlaf- und Wachphasen tun. Dies trifft zumindest für die ersten Wochen der Isolation zu. Zuweilen aber trennen sich bei manchen Personen beide Rhythmen. Der Schlaf-Wach-Rhythmus läuft in solchen Fällen meist mit einer längeren Periode weiter. Beispielsweise kann diese Periode dann 30 Stunden betragen. Demgegenüber behalten die rhythmischen Schwankungen der Körpertemperatur meist eine Periode von etwa 25 Stunden bei (Abb. 3–3). Schließlich beobachtet man die Entwicklung zweier unabhängiger Rhythmen. In den Zeitkarten deutet sich dies darin an, daß die schwarzen und weißen Streifen der Schlaf- und Wachphasen einerseits und die Positionen des Temperatur-

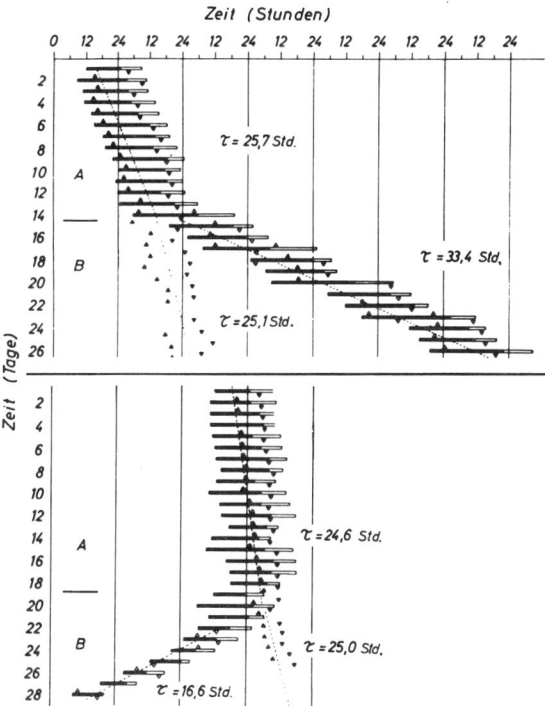

Abb. 3–3: *Interne Desynchronisation* der circadianen Rhythmen des Schlaf-Wach-Verhaltens und der Körpertemperatur bei zwei Personen (oben: „Eule", unten: „Lerche"). Im Abschnitt A der Zeitkarten laufen beide Circadianrhythmen frei und synchron. Im Abschnitt B trennen sich die Circadianrhythmen und driften in unterschiedlicher Richtung. Wachphasen: schwarze Balken, Schlafphasen: weiße Balken. Kleine Pfeilspitzen nach oben und unten bezeichnen Maximum und Minimum der Körpertemperatur. Der griechische Buchstabe τ steht für die Periode der entkoppelten Rhythmen.

maximums (respektive Temperaturminimums) andererseits in unterschiedliche Richtungen driften. Man nennt diesen Zustand *interne Desynchronisation*, da die beiden circadianen Rhythmen nicht länger synchron verlaufen.

Es gibt also zwei circadiane Rhythmen: Der eine reguliert

Stoffwechsel und Energiehaushalt des Organismus. Er gibt sich in tageszeitlichen Variationen der Körpertemperatur zu erkennen. Der andere bestimmt das Schlaf-Wach-Verhalten. Beide Rhythmen sind für gewöhnlich aneinander gebunden und außerdem mit dem Wechsel von Tag und Nacht synchronisiert. Nach langdauernder zeitlicher Isolation kann ihre Bindung aufbrechen. Beide Rhythmen schwingen dann frei und unabhängig voneinander. Die oszillatorischen Prozesse, welche den circadianen Temperaturrhythmus und Schlaf-Wach-Rhythmus steuern, werden starker beziehungsweise schwacher Oszillator genannt. Damit soll gesagt sein, daß der Temperaturrhythmus eine stabilere Periode besitzt, während der Rhythmus des Schlaf-Wach-Verhaltens in seiner Periode variabler ist und freilaufend viel weiter zu driften vermag.

Ein Computer ahmt das System circadianer Oszillatoren nach

Die neuronalen oder neurochemischen Mechanismen, welche dem System circadianer Rhythmen zugrunde liegen, sind bis heute weitgehend unbekannt. Ungeachtet dessen können bestimmte Aspekte eines solchen Systems in Form eines Computermodells nachgebildet und seine Dynamik unter verschiedenen Bedingungen berechnet werden. Solche Modelle zu entwerfen, bedarf es keiner spezifischen Annahmen über neuronale oder chemische Grundprozesse. Da es genügt, dynamische Eigenschaften des Systems qualitativ nachzubilden, kann es nach einigen sehr allgemeinen Funktionsprinzipien schwingender Systeme mathematisch formuliert werden. Eines dieser Modelle stellt beide circadianen Rhythmen durch ein Paar sich selbst erregender Oszillatoren dar (Kronauer et al., 1982). Dies zu veranschaulichen, dürfen wir uns zwei Kinderschaukeln vorstellen, die an Seilen ungleicher Länge hängen. Die längere Schaukel wird wie üblich von einem kleineren Kind, die kürzere von einen größeren besetzt. Aufgrund ihrer unterschiedlichen Länge schwingen beide Schaukeln unterschiedlich rasch, die kürzere mit einer kurzen, die längere mit einer langen Periode. Den Kinderschaukeln ähnlich vollzieht jeder der beiden Oszillatoren des Computermodells Schwingungen mit fester Amplitude und Periodenlänge. Beide Oszillatoren aber werden schließlich aneinander gekoppelt. Sie beeinflussen sich daher wechselseitig. Es ist, als verbände man die Sitze beider Kinderschaukeln mit einem elastischen Zugseil. Außerdem sieht das Computermodell eine periodisch schwankende Kraft vor, welche die Rolle des Wechsels von Tag und Nacht übernimmt und ausschließlich auf den schwachen Oszillator mit der langen Periode einwirkt. Im Bild der gekoppelten Kinderschaukeln entspräche diese äußere Kraft einer erwachsenen Person, die das kleinere Kind auf der Schaukel mit langem Seil periodisch anstößt. Das Hin und Her der Schaukelbewegungen des kleineren Kindes steht für den Wechsel von Schlaf und Wachen. Das Schaukeln des größeren Kindes entspricht dem Auf und Ab der Körpertemperatur. Ist das koppelnde Seil zwischen den Schaukeln straff gespannt, werden beide Kinder im selben Rhythmus schwingen. Demgegenüber läßt ein schlaffes Koppelungsseil beiden Schaukeln Spielraum. Es beginnt erst zu wirken, wenn beide Schaukeln einen gewissen Phasenabstand erreichen und plötzlich das Koppelungsseil spannen. Reißt schließlich die Koppelung, bewegen sich beide Schaukeln mit ihrer unterschiedlichen Eigenperiode. Die Simulation des Systems zeigt, wie dessen Dynamik aus dem Zustand einer vollständigen Synchronisation beider Oszillatoren mit der Periode des Tag-Nacht-Wechsels in den Zustand interner Desynchronisation gerät (Abb. 3–4).

Der berechnete Verlauf beider Rhythmen kann wiederum in einer Zeitkarte dargestellt werden. Schwarze Balken bezeichnen darin die Verteilung des Schlafes. Graue Zonen entsprechen derjenigen Halbphase des circadianen Temperaturrhythmus, in welcher die Temperatur unter ihren Mittelwert fällt. Zu Beginn der Simulation wird das System beider Rhythmen einer zyklischen, äußeren Kraft unterworfen. Sie steht für den Einfluß des Tag-Nacht-Wechsels (Abschnitt Z der Zeitkarte). Nach fünf Zyklen – dies entspricht fünf Tagen – wird die äußere

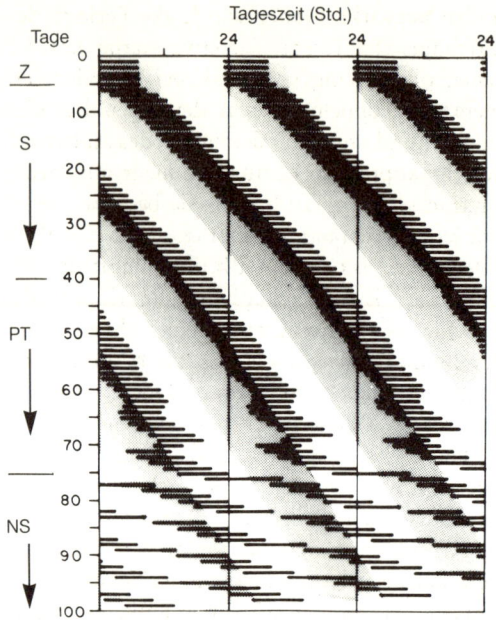

Abb. 3–4: Computersimulation eines Systems zweier Circadianrhythmen (Temperaturrhythmus = starker Oszillator, Schlaf-Wach-Rhythmus = schwacher Oszillator). Schwarze Balken: theoretische Verteilung der Schlafphasen, graue Zonen: Halbphasen des Temperaturrhythmus, in welchen die Temperatur unter ihren Mittelwert fällt. Die Zeitkarte stellt das dynamische Verhalten beider Rhythmen im Raster von dreimal 24 Stunden dar. Es lassen sich vier Zustände unterscheiden. Z: Beide Rhythmen sind mit dem Tag-Nacht-Zyklus synchronisiert. S: Beide Rhythmen laufen unter Zeitisolation frei und synchron. PT (*Phase trapping*): Die Koppelung der Rhythmen ist gelockert. NS (nicht synchron): vollständige Entkoppelung beider Rhythmen = interne Desynchronisation.

Kraft abgestellt. Beide Rhythmen beginnen, wie in den Bunkerversuchen, frei zu laufen, bleiben aber aufeinander synchronisiert. Daher fallen alle Schlafphasen in die Zone niederer Körpertemperatur (Abschnitt S). Am sechsten Modelltag betrug die Periode beider Rhythmen 26,2 Stunden. Das Modell aber sollte zeigen, wie sich die Koppelung zweier unterschiedlicher Circadianperioden auswirkt. Daher wurde die Periode des Schlaf-Wach-Rhythmus von Tag zu Tag etwas verlängert. Rhythmen mit gleichen oder wenig verschiedenen Perioden lassen sich leicht aneinanderkoppeln. Weicht demgegenüber die Periode des einen mehr und mehr von derjenigen des anderen ab, reicht schließlich die koppelnde Kraft nicht mehr aus, beide Rhythmen weiterhin synchron zu halten. Sie beginnen sich zu trennen. Bevor jedoch die Bindung reißt und beide Rhythmen in die *interne Desynchronisation* entläßt, durchläuft das System ein bemerkenswertes Zwischenstadium. Die Koppelung lockert sich. Der Schlaf-Wach-Rhythmus beginnt abzudriften und versucht, der Bindung an den Temperaturrhythmus zu entkommen. Die Zone der Schlafphasen verschiebt sich rascher von links nach rechts. Dabei erstarkt die Koppelung wieder und zieht die Phase des Schlaf-Wach-Rhythmus in diejenige des Temperaturrhythmus zurück. Beide Rhythmen nähern sich wieder einander an. In dieser Annäherung schwächt sich die Koppelung abermals ab, und der Schlaf-Wach-Rhythmus kann aufs neue versuchen, der Bindung an den Temperaturrhythmus zu entkommen. Die Streifen schwarzer Balken schlingern daher in der Tageszeit vor und zurück (Abschnitt PT). Eine volle Schlingerbewegung erfordert in dieser Modellierung etwa acht Tage. Sie könnte länger sein, wäre die Koppelung etwas schwächer angesetzt. Der abgeschwächten Koppelung beider circadianer Rhythmen entspringt eine längere Periodik von Tagen und Wochen, mit der beide Rhythmen ihre gegenseitige Phasenbeziehung ändern. Eine weitere Verlängerung der Periode des Schlaf-Wach-Oszillators läßt die Koppelung erlöschen. Beide Rhythmen laufen unabhängig voneinander, und die Zonen des Schlafes driften rasch durch die Zeitkarte. Sie durchschneiden dabei in periodischen Abständen von acht Tagen die graue Zeitzone niederer und die weiße Zeitzone hoher Körpertemperatur (Abschnitt NS).

Das Computermodell hilft uns, eine Dynamik zu verstehen, die möglicherweise der komplexen Zeitstruktur *zyklothymer* Erkrankungen zugrunde liegt. Unser Fallbeispiel einer *Zyklothymie* hat gezeigt, daß sich der Zeitpunkt des Schlafbeginns im

Laufe des Zyklus von Manie und Depression in den Nachtstunden verschob (Abb. 3–1). Die Zeitzone des Schlafes der *zyklothymen* Patientin schlingerte in ähnlicher Weise, wie es die modellierte Dynamik eines Paares gekoppelter Circadianrhythmen erkennen läßt. Dieses Schlingern setzt ein, wenn sich die beiden Rhythmen in ihren Perioden derart unterscheiden, daß die wechselseitige Koppelung sie nicht mehr zusammenhalten kann. Der Schlaf-Wach-Rhythmus schlingert dann bezüglich des Temperaturrhythmus und der Tageszeit. Dementsprechend gleitet der Zeitpunkt des Schlafbeginns in Perioden von mehreren Tagen oder Wochen zwischen frühen und späten Nachtstunden hin und her. Ist der Temperaturzyklus in seiner Dynamik nicht stark genug, überträgt sich das Schlingern des Schlaf-Wach-Rhythmus auch auf ihn. Dementsprechend wird sich das tägliche Maximum und Minimum der Körpertemperatur mit einer Periode von Tagen oder Wochen in der Tageszeit vor und rückwärts verlagern (Abb. 3–1).

Die modellierte Dynamik eines Paares gekoppelter, aber ungleicher Rhythmen läßt somit verstehen, daß langsame zyklische Veränderungen, die sich in der Verlagerung des Schlafbeginns und der *Akrophase* unserer *zyklothymen* Patientin gezeigt haben, der abgeschwächten Wechselwirkung zweier ungleicher, circadianer Rhythmen entwachsen können.

Eingelagert in diese *Makrorhythmen* der Zyklothymie aber fanden wir einen ultradianen Zyklus im Auftreten der *REM-Phasen* des Schlafes. Diese innere Architektur des Schlafes ändert sich mit den Makrorhythmen. Insbesondere verkürzt und verlängert sich die Zeit zwischen dem Schlafbeginn und dem Erscheinen der ersten *REM-Phase* unserer *zyklothymen* Patientin systematisch im Zyklus von Manie und Depression. In den ersten Tagen der manischen Phase liegt diese *REM-Latenz* zwischen 125 und 150 Minuten. Die erste *REM-Phase* setzt dann von Nacht zu Nacht früher ein, je weiter die Patientin in den Tagen ihrer manischen Phase voranschreitet. Um den 24. Tag, an welchem der manische Zustand in Depression umschlägt, ist die *REM-Latenz* am kürzesten. Die erste REM-Phase des Schlafes setzt bereits nach 80 Minuten ein. Im Fortgang der depressiven Tage verlängert sie sich wieder und erreicht gegen das Ende der Depression ihren normalen Ausgangswert (Abb. 3–1 a und b).

Desgleichen beobachten wir, daß sich die Dauer der ersten REM-Phase einer Nacht systematisch verlängert und verkürzt. Die längste REM-Phase von etwa 30 Minuten ist im Übergang von Manie und Depression zu sehen, die kürzeste von 15 Minuten am Ende der Depression. Je früher also die erste REM-Phase im Laufe einer Nacht erscheint, desto länger hält sie an. Diesen Aspekt der Zeitstruktur einer *Zyklothymie* zu verstehen, benötigen wir einige Hinweise über die ultradiane Periodik im Auftreten der REM-Phasen.

Ein ultradianer Zyklus des Schlafes

Der Schlaf läßt sich grob in zwei grundsätzlich verschiedene Phasen unterteilen, die im Laufe der Nacht periodisch aufeinanderfolgen. Das durchschnittliche Zyklusintervall dieses Wechsels beträgt 90 Minuten. Die erste Phase, mit welcher der Schlaf im Regelfall beginnt, ist ein Zustand motorischer Ruhe. Die Nervenzellen der motorischen Region des Gehirnes senden wenige Aktionsimpulse an die Skelettmuskulatur. Daher ist die Muskelspannung *(Tonus)* vermindert und teilweise völlig erloschen. Stoffwechsel, Körpertemperatur, Herzschlag und Atemfrequenz sind gegenüber dem Wachzustand deutlich herabgesetzt. Das EEG zeigt vorwiegend langsame Hirnwellen, die mit einer Frequenz von ein bis drei Wellen pro Sekunde schwanken. Im Gegensatz dazu ist die zweite Phase des Schlafes ein Zustand paradoxer Eigenschaften. In vielen Regionen des Gehirns steigt die Rate des Stoffwechsels auf diejenige des Wachzustandes an. Das Hirngewebe wird stärker durchblutet und erwärmt sich. Die Nervenzellen steigern ihre elektrische Impulsaktivität. Ähnlich dem Wachzustand herrschen im EEG schnelle unregelmäßige Fluktuationen vor. Außerdem geht der Atem rasch und unregelmäßig. Das Herz erhöht seine Schlagfrequenz. Besonders auffallend aber sind rasche, ruckartige Augenbewegungen unter geschlossenen Lidern. Nach diesen raschen Augenbewegungen, englisch *Rapid Eye Movements*, wird diese Phase *REM-Schlaf* genannt. Während sich in den genannten Körperfunktionen eine Aktivierung des Gehirnes zeigt, bleibt paradoxerweise in der gesamten Skelettmuskulatur der *Tonus* erloschen. Arme und Beine liegen schlaff. Nur gelegentlich lassen sich an ihnen kurze, kleine Zuckungen erkennen. Obendrein unterliegen alle Sinnesorgane einer starken Hemmung. Es bedarf daher starker Reize um einen Schläfer aus dem REM-Schlaf zu wecken.

In Abgrenzung zur *REM-Phase* wird die Phase des ruhigen Schlafes oft als Nicht-REM-Schlaf *(NREM)* bezeichnet. Er läßt sich beim Erwachsenen anhand elektroenzephalographischer Muster in vier weitere Stadien unterteilen. *NREM-* und *REM-Schlaf* besetzen, wie erwähnt, gegensätzliche Phasen eines ultradianen Rhythmus, der beim erwachsenen Menschen mit einer Periode von 90–150 Minuten im Laufe des gesamten Schlafes schwingt. Die tieferen Stadien des NREM-Schlafes werden in der Regel eine halbe Stunde nach Schlafbeginn erreicht, wenn die Kerntemperatur des Körpers rasch absinkt. Im Gegensatz dazu werden *REM-Phasen* zunehmender Länge in der zweiten Hälfte des Schlafes beobachtet. Ihre längste Dauer erreicht die *REM-Phase*, sobald die Körpertemperatur ihr nächtliches Minimum durchläuft und dann wieder zu steigen beginnt. Es kommt daher häufig vor, daß der Schläfer unmittelbar nach einer letzten *REM-Phase* erwacht.

Der REM-Schlaf als Thermostat

Die Funktion von *REM-* und *NREM-Phase* und ebenso diejenige ihres ultradianen Zyklus ist bis heute ein Rätsel geblieben. Zahlreiche Beobachtungen aber lassen vermuten, daß der REM-Schlaf unter anderem dazu dient, die Temperatur des Gehirnes zu regeln (Wehr, 1992). Da die tiefen Stadien des *NREM-Schlafes*, welche mit langsamen EEG-Wellen einhergehen, in den ersten Stunden des Schlafes überwiegen, wird angenommen, die ihnen zugrundeliegenden Prozesse könnten dazu beitragen, die Kerntemperatur des Körpers nach unten zu regeln. Im Verlauf des gesamten Schlafes wird die Temperatur des Körpers niedrig gehalten. Demgegenüber steigt die Hirntemperatur während der *REM-Phasen* dramatisch an. Dies konnte anhand direkter Messungen der Hirntemperatur bei verschiedenen Arten warmblütiger Tiere belegt werden. Beim Menschen läßt sich eine Temperaturerhöhung des Gehirnes indirekt in den Gehörgängen messen.

Warmblüter vermögen im Wachzustand die Temperatur innerhalb eines Kernbezirkes ihres Körpers auf einem hohen, konstanten Wert zu halten. Die äußere Körperzone, welche den Kernbereich umschließt, dient als isolierende Schicht. Während des Wachens dehnt sich der warme Kernbezirk bis in die Gliedmaßen aus, deren Bewegung in den Muskeln zusätzlich Wärme freisetzt. Im ruhigen Schlaf jedoch erlischt der Muskeltonus. Die Skelettmuskulatur kühlt daher ab und trägt nicht länger dazu bei, die Körpertemperatur in einem größeren Kernbezirk konstant zu halten. Statt dessen wird sie Teil der isolierenden Schutzschicht. Gleichzeitig senkt die circadiane Regelung des Stoffwechsels die Körpertemperatur insgesamt ab. Wie wir gesehen haben, durchläuft der Circadianrhythmus der Körpertemperatur sein Tagesminimum im Laufe des nächtlichen Schlafes. Dies alles bedingt, daß der warme Kern des Körpers schrumpft, während sich die isolierende Schicht nach innen erweitert. Schließlich hat sich der warme Kern auf einen kleinen Bereich zurückgezogen, der die lebenserhaltenden Organe, Gehirn und Herz, enthält. Kühlte das Nervensystem weiter ab, wäre dies lebensbedrohend. Hier nun, so scheint es, setzen die aktivierenden Prozesse des REM-Schlafes ein. Sie beziehen verschiedene Mechanismen ein, welche dazu beitragen, im Gehirn Wärme freizusetzen und diese zu speichern.

Mit Hilfe der *Positron-Emissionstomographie* (PET) kann die Verteilung verschiedener Stoffwechselaktivitäten des Gehirnes in Form horizontaler Schnittbilder dargestellt werden. Anhand solcher Bilder zeigt sich, daß beispielsweise *Glucose* (Zucker) als Energieträger gleichermaßen im Wachzustand und während der REM-Phasen mit hoher Metabolismusrate umgesetzt wird. Demgegenüber ist der Umsatz an Zucker während der Stadien des NREM-Schlafes gering. Die Nervenzellen aller Regionen des Gehirnes steigern während des REM-Schlafes ihre elektrische Impulsaktivität. Die chemischen Prozesse des Stoffwechsels und die neuronale Aktivität aber erzeugen Wärme. Sie verhindert ein weiteres Abkühlen des Nervensystems. Der REM-Schlaf reguliert somit die Temperatur des Gehirnes. Diese neue Deutung wirft Licht auf die wohl bemerkenswerteste Eigenschaft dieser Schlafphase, die raschen Augenbewegungen. Ähnlich dem Kältezittern unserer Gliedmaßen setzen Bewegungen der Augen in den Augenmuskeln Wärme frei. Das Auge und seine Netzhaut werden erwärmt. Die Netzhaut aber ist nichts anders als ein nach außen verlagerter Teil des Zwischenhirnes. Somit erwärmt sich während der Augenbewegungen ein Stück Hirngewebe. In den Blutgefäßen, welche die Augenmuskeln versorgen, kann ein Teil dieser lokal erzeugten Wärme mit dem Blutstrom an das Innere des Gehirns fortgeleitet werden.

Der warme Kernbereich des Körpers verengt sich im Laufe des Schlafes und läßt seine Temperatur absinken. Dies spart Energie. Andererseits aber muß ein warmer Kernbezirk in der Umgebung des Nervensystems aufrechterhalten werden. Der Organismus erfreut sich so zweier Vorteile. Zum einen vermögen bedeutsame Reize der Umwelt sein Gehirn aus jedem Stadium des Schlafes zu wecken. Zum anderen ist ein angewärmtes Gehirn nach dem Erwachen unverzüglich bereit, die Umwelt nach Gefahren abzusuchen und gegebenenfalls darauf rasch zu reagieren.

Wenn der REM-Schlaf gleich einem Thermostaten arbeitet, sollte er bevorzugt „anspringen", wenn äußere Kälte den Körper abkühlt. In der Tat gibt es verschiedene Bedingungen, unter denen der REM-Schlaf auf experimentelle Manipulationen der Außentemperatur in dieser Weise anspricht. Wenn die Körpertemperatur nach Beginn des Schlafes allmählich unter einen kritischen Wert gesunken ist, löst ein reaktiver Mechanismus die REM-Phase aus, in deren Verlauf sich das Gehirn erwärmt. Die REM-Phase wird dann wieder abgeschaltet und die Temperatur im Kernbereich um das Gehirn sinkt erneut auf einen kritischen Schwellenwert. Dies startet abermals eine REM-Phase. Abkühlung und erneutes Aufwärmen aber benötigen Zeit. Im

Endergebnis werden daher die REM-Phasen wiederholt in periodischen Abständen ausgelöst. Beim erwachsenen Menschen beträgt dieser Abstand 90–150 Minuten.

REM-Schlaf und Depression

Der REM-Schlaf verrichtet die Arbeit eines Thermostaten am besten, wenn der Circadianrhythmus die Körpertemperatur durch das Tagesminimum steuert. Bei gesunden Personen werden daher REM-Phasen von zunehmender Dauer in der zweiten Hälfte des nächtlichen Schlafes beobachtet. Wenn jedoch, wie dies sowohl bei manisch-depressiven als auch bei dauerhaft depressiven Patienten der Fall ist, der circadiane Temperaturrhythmus dem Schlaf-Wach-Rhythmus vorauseilt, dann trifft das Tagesminimum der Körpertemperatur nicht mehr in die Mitte, sondern in die Zeit des beginnenden Schlafes. Der Körper kühlt sich bereits vor dem Schlaf ab. Daher wird der REM-Schlaf als Thermostat früher angeworfen als bei gesunden Schläfern, und die *REM-Latenz* verkürzt sich. Außerdem sind die vorverlagerten REM-Phasen länger. Wenn der circadiane Temperaturrhythmus dem Schlaf-Wach-Rhythmus vorauseilt, steigt die Körpertemperatur im Laufe des Schlafes auch früher an. Daher durchläuft ein Patient im depressiven Zustand lange REM-Phasen zu Beginn und kurze gegen das Ende des Schlafes. Diese Verhältnisse kehren sich um, wenn der Patient wieder in die manische Phase überwechselt (vgl. Abb. 3–1a und b). Aufgrund seiner Funktion als Regler der Hirntemperatur erscheint auch der REM-Schlaf unserer manisch-depressiven Patientin in Phasen eines ultradianen Zeitmusters, das sich in die *Makroperioden* des gesamten Zeitmuster der *Zyklothymie* einfügt.

Die „Erfindung" des REM-Schlafes

Bei allen Wirbeltieren unterscheidet sich der Schlaf vom Wachen anhand physiologischer Merkmale. Insbesondere erlaubt das EEG, beide Zustände des zentralen Nervensystems selbst dann zu unterscheiden, wenn dies durch bloßes Beobachten unmöglich ist. Niemand wird zweifelsfrei sagen können, ob ein im Wasser liegender Alligator wacht oder schläft. Das Hirnstrombild (EEG) des Tieres aber würde es verraten. Eine unregelmäßige, kleinschlägige Aktivität zeichnet den Zustand des Wachens aus, während hohe, regelmäßige EEG-Wellen den ruhigen *NREM-Schlaf* begleiten. Dieses Muster hoher Wellen wird bei allen Wirbeltieren angetroffen. Demgegenüber ist der *REM-Schlaf* ein besonderer Zustand. In der Stammesgeschichte begegnen wir ihm erstmals und ausschließlich bei den *Plazenta-* und *Beuteltieren*. Wir finden ihn nicht beim australischen Schnabeltier und dem Ameisenigel, beide Vertreter einer archaischen Gruppe eierlegender Säugetiere. Der REM-Schlaf muß sich vor etwa 150 Millionen Jahren eingestellt haben, als sich die Entwicklungslinien der eierlegenden und der lebendgebärenden Säuger getrennt hatten (Abb. 3–5).

Arten, deren Nachkommen eine lange Entwicklungsperiode durchlaufen, ehe sie geboren werden, bedürfen eines plazentaren Kreislaufes, um ihre Embryonen und Föten so lange Zeit zu ernähren. Ähnliches gilt für Beuteltiere. Känguruh und Opossum, beides Beuteltiere, werden als Embryonen geboren, entwickeln sich aber im Schutz eines Hautbeutels ihrer Muttertiere. Offensichtlich bedürfen die kleinen Nachkommen von Beutel- und Plazentatieren für ihre lange Entwicklungsperiode eines eigenen Mechanismus, ihre Hirntemperatur zu regeln. Demgegenüber ist die Entwicklung eierlegender Säuger bedeutend kürzer und die Einbettung des Eies in einer warmen Bruthöhle verhindert, daß sich das reifende Nervensystem drastisch abkühlt. Bemerkenswerterweise unterscheiden sich lebendgebärende und eierlegende Säuger auch im Aufbau ihrer Gehirne: So ist der Stirnlappen des Ameisenigels im Verhältnis zum restlichen Gehirn sehr viel größer als beispielsweise derjenige einer Katze oder eines Opossums, einem Plazenta- und einem Beuteltier, welches an Größe dem Ameisenigel gleicht. Es sieht aus, als habe sich der Stirnlappen eierlegender Säugetiere bis an eine letzte Grenze auf Kosten anderer Hirnregionen ausgedehnt. Bei lebendgebärenden Säugern, die dank einer verlängerten Entwicklungsperiode auch größere und komplexere Gehirne aus-

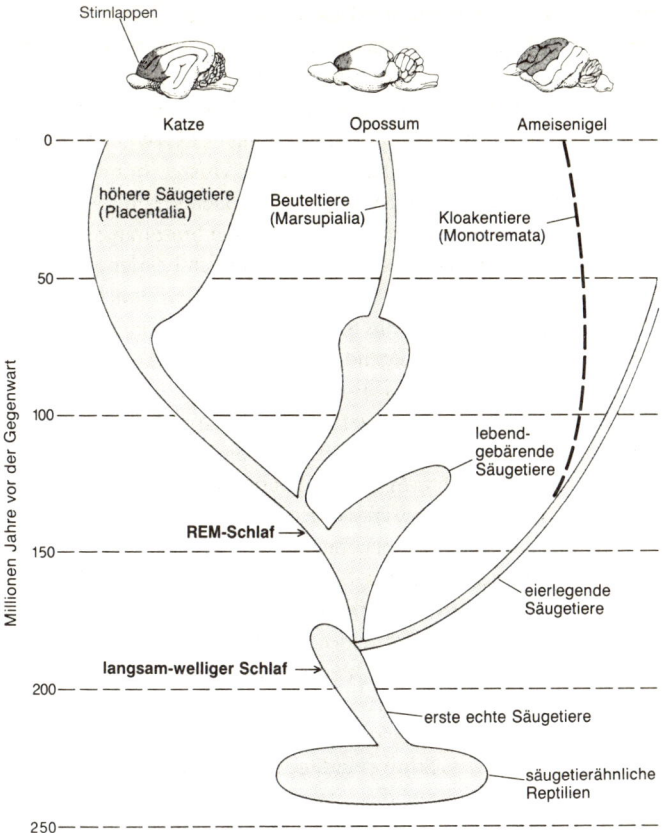

Abb. 3–5: Stammesgeschichte des REM-Schlafes. Der REM-Schlaf wird ausschließlich bei *Beutel-* und *Plazentatieren* angetroffen. Eierlegende Säuger wie der australische Ameisenigel besitzen keinen REM-Schlaf. Der Erwerb dieses neuen Schlafzustandes geht mit einer prozentualen Verminderung des Stirnlappens gegenüber dem restlichen Gehirn einher.

zubilden vermögen, stellt sich der REM-Schlaf als eine neuartige Erfindung der Natur ein. Er wird am Fötus bereits mehrere Wochen vor der Entbindung beobachtet und nimmt beim Neugeborenen seinen größten Anteil an der gesamten Dauer des

Schlafes ein. Dies verweist uns auf eine weitere, wichtige Eigenschaft dieses neuartigen Zustandes und des ultradianen Zyklus seines Auftretens.

REM-Schlaf, Lernen und Gedächtnis

Ratten und andere kleine Nager sind anpassungsfähige Tiere. Sie lernen beispielsweise rasch, einem unangenehmen Reiz rechtzeitig auszuweichen, sofern ein Warnsignal dessen Eintreffen ankündigt. Um dies experimentell zu belegen, kann das Bodengitter eines zweiteiligen Käfigs zur Hälfte an eine leichte, elektrische Spannung gelegt werden. Eine Ratte empfängt so einen milden, doch aversiven elektrischen Reiz. Ein Tonsignal wird dem elektrischen Reizimpuls vorausgeschickt. Die Ratte lernt, diesen Ton als Warnsignal zu nutzen, und entkommt dem elektrischen Reiz mit einem Sprung in die andere Hälfte des Käfigs. Dem Tier genügen einige Versuche herauszufinden, in welcher Weise Warnsignal und aversiver Reiz zusammenhängen. Schläft das Tier einige Zeit später, lassen sich seine Schlafstadien mit Hilfe eines EEG bestimmen. Im Laufe der ersten drei Lernexperimente, die im allgemeinen an unterschiedlichen Tagen stattfinden, steigt die Anzahl erfolgreicher Vermeidungsreaktion an und strebt schließlich einem festen Wert zu. Weitere Experimente bringen dann keine Verbesserung. Solange die Lernkurve steigt, vermehrt sich auch der Anteil des REM-Schlafes. Strebt die Lernkurve am vierten Tag ihrem Plateau zu, fällt der Anteil des REM-Schlafes wieder auf seinen ursprünglichen Wert zurück. Es scheint, als vermehre sich der REM-Schlaf infolge neuronaler Prozesse des Lernens (Leconte et al., 1974).

Man wird zunächst einwenden, die Häufung des REM-Schlafes brauche nicht mit dem Lernprozeß selbst zusammenzuhängen, da bereits die Anstrengung des Tieres in einer streßbehafteten Situation derartig im Schlaf nachwirken könne. Diesen Einwand entkräftet ein Kontrollversuch. Hier folgt dem Tonsignal nur zuweilen der aversive, elektrische Reiz und zu anderen Malen nicht. In diesem Versuch besteht zwischen Tonsignal und dem Eintreffen des elektrischen Reizes kein Zusammenhang. Das Tier erfährt den gleichen Streß, vermag jedoch nicht herauszufinden, in welcher Weise es den aversiven Reizen regelmäßig entfliehen könnte. Nach derartigen Kontrollversuchen zeigen die Tiere keinen erhöhten Anteil des REM-Schlafes. Offensichtlich vermehren sich die REM-Phasen, wenn ein Lernprozeß in Gang gekommen ist und anhält. Hat sich die neu erworbene Fähigkeit gefestigt, wird der Anteil des REM-Schlafes wieder auf sein normales Maß verkürzt.

Warum verlängert sich der REM-Schlaf, wenn das Gehirn damit beginnt, gesetzmäßige Zusammenhänge zwischen verschiedenen Umweltreizen zu erlernen? Wird die frische Erfahrung im Schlaf bearbeitet und ins Gedächtnis übertragen? Elektrophysiologische Studien legen dies nahe.

Die „Landkarten" des Hippocampus

Während eine Ratte ein unbekanntes Gebiet erkundet – in experimentellen Studien ist dies meist ein Labyrinth –, gewinnt sie ein „inneres Abbild" dieses Gebietes. Sie zeichnet gleichsam eine innere „Landkarte". Dies geschieht in einem Teil ihres Schläfenlappens, der aufgrund seiner gewundenen Form einem Seepferdchen gleicht und daher *Hippocampus* genannt wird. Einzelne Nervenzellen des *Hippocampus* gewinnen im Laufe der Erkundung des Labyrinths eine besondere Funktion, die sie zuvor nicht besessen hatten: Sie steigern ihre elektrische Impulsaktivität, sobald und sooft die Ratte je eine bestimmte Stelle des Labyrinthes erreicht oder dort verweilt. Die Nervenzellen werden spezifische *Ortszellen* und bezeichnen fortan bestimmte Punkte des Labyrinthes (O'Keefe and Speakman, 1987). Verläßt die Ratte den spezifischen Ort einer Zelle, erlischt deren elektrische Impulsaktivität. Kehrt die Ratte dorthin zurück, feuert die Zelle aufs neue. Eine größere Gesamtheit solcher *Ortszellen* bildet den erkundeten Bereich und schließlich das ganze Labyrinth nach Art einer Landkarte ab. Wird das Tier in eine andere Umgebung gebracht, vermag sein *Hippocampus* eine weitere „Landkarte" anzulegen, ohne die alte zu löschen. Selbst nach Monaten können solche neuronalen „Landkarten" mit derselben Ortsspezifität ihrer Nervenzellen aktiviert werden, wenn man das Tier wieder in eines der Labyrinthe setzt. Der *Hippocampus* archiviert demnach mehrere Landkarten. Für den Erhalt dieser Landkarten aber scheint der Schlaf eine besondere Rolle zu spielen.

Mit Hilfe dauerhaft implantierter Mikroelektroden läßt sich die Impulsaktivität zweier *Ortszellen* ableiten, die jeweils unterschiedlichen Orten innerhalb des Labyrinthes zugeordnet sind. Es wird also je eine Zelle aktiviert, sooft sich das Tier an einem von zwei getrennten Orten aufhält. Wird der Zugang zu einem dieser Orte gesperrt, so daß ihn die Ratte nicht mehr erreichen kann, erfährt das entsprechende Neuron keine Erregung. Demgegenüber wird die zweite Ortszelle weiterhin aktiviert, sooft die Ratte den zugeordneten Raumpunkt aufsucht. Dieser Unterschied schlägt sich in der elektrischen Impulsaktivität nieder, die beide Zellen während des Schlafes entfalten. Beide Neurone werden in den tiefen Stadien des NREM-Schlafes und während der REM-Phase nochmals aktiviert. Jedoch ist die Nachaktivierung derjenigen Zelle stärker, deren Raumpunkt die Ratte wiederholt aufsuchen konnte (Pavlides and Winson, 1989). Wird also während des Wachens ein Bereich erkundet, legt der *Hippocampus* eine neuronale Landkarte an. Im Schlaf scheint diese Landkarte dann um so deutlicher nachgezeichnet zu werden, je öfter die Orte des entsprechenden Bereiches besucht worden waren (Wilson and McNaughton, 1994). So stellt sich der Schlaf, insbesondere aber die REM-Phase als ein neuronaler Zustand dar, in welchem sich neue Erfahrungen und frisch Gelerntes zu dauerhaften Gedächtnisspuren verdichten. Diese Befunde erweitern unser Verständnis der Bedeutung endogener Rhythmen. Wenn Eindrücke, während des Wachens gesammelt, im nachfolgenden Schlaf weiterbearbeitet und zu dauerhaften Gedächtnisspuren verfestigt werden, vermitteln endogene Rhythmen des Schlaf-Wach-Verhaltens den Zeittakt für neuronalen Prozesse des Lernens. Die Konsolidierung neuer Eindrücke während des Schlafes mag sich dann selbst in zyklischen Arbeitsgängen vollziehen, die den periodischen Wechsel der Schlafstadien begleiten.

4. Biologische Zeitstrukturen der frühkindlichen Entwicklung

Zu den bemerkenswertesten Formen biologischer Selbstorganisation zählt die Reifung des menschlichen Gehirnes im Laufe der ersten Lebensmonate. Im Augenblick seiner Geburt tritt das menschliche Kind in eine Welt unzähliger Reize. Der dichte Strom an Umweltreizen aber wird geschleust im Zeittakt der Schlaf- und Wachphasen des Kindes. Sein Schlaf-Wach-Verhalten wird von neuronalen Strukturen seines Gehirnes gesteuert. Das Gehirn des Neugeborenen schafft sich folglich selbst den Zeitplan, nach welchem es Sinnesreize der Umwelt zuläßt, sich vor Überflutung schützt, neuartige Eindrücke bearbeitet und in Abschnitten des Schlafes zu ersten Engrammen verfestigt. Unterschiedliche endogene Rhythmen mit ultra- und circadianen Perioden wirken darin zusammen, das Muster von Schlaf- und Wachphasen zu weben. Wenn das Gehirn von Monat zu Monat reift, ändert sich auch der innere Zeitplan des Schlaf-Wach-Verhaltens. Er spiegelt damit die fortschreitende Entwicklung des kindlichen Gehirnes wider. Die Selbstorganisation des menschlichen Gehirnes aber beginnt nicht erst im Augenblick der Geburt. Zu diesem Zeitpunkt hat sie bereits ein gutes Stück Entwicklung hinter sich gebracht, wovon erstaunliche Leistungen des Neugeborenen zeugen. Und so beginnt auch die Chronobiologie des Kindes viele Wochen vor der Geburt im Mutterleib.

Das Neugeborene – kein unbeschriebenes Blatt

Die Mutter las ein Märchen: „Der König, die Maus und der Käse" jeden Tag zweimal, sofern sie Bewegungen ihres Kindes unter der Bauchdecke wahrnehmen konnte. Die Geschichte, langsam und laut gelesen, dauerte drei Minuten, und so kamen in den letzten sechs Wochen der Schwangerschaft insgesamt 3,5 Stunden Lesezeit zusammen. Am Tag der Geburt zeigte ihr Baby, daß es dieses Märchen wiedererkannte.

Diese außergewöhnliche Leistung eines neugeborenen Kindes läßt sich einfach nachweisen. Das Kernstück der angewandten Methode ist ein Babyschnuller, an dem das Neugeborene saugt. Ein Drucksensor im Schnuller gestattet, die Saugbewegungen zu registrieren. Dem Baby wird nun ein Kopfhörer angelegt, darin wahlweise zwei Märchen zu hören sind. Wenn das Kind rascher saugt, als es dies im Durchschnitt tut, ertönt aus dem Kopfhörer das eine Märchen, saugt es langsamer, bekommt es das andere zu hören. Das Neugeborene kann auf diese Weise entscheiden, welches ihm lieber ist. Beide Märchen von der Mutter des Kindes mit gleicher Sprechgeschwindigkeit, Lautstärke und im gleichen Tonfall gelesen, wurden getrennt auf je einer Spur eines Stereotonbandes gespeichert. Eine Geschichte ist das ursprüngliche Märchen, die andere eine abgewandelte Form, darin lediglich die Namen aller Akteure vertauscht wurden. Das Neugeborene bemerkt die feinen Unterschiede, findet nach wenigen Minuten des Experimentierens die Richtung, in der es die Frequenz seines Saugens zu verändern hat und leitet damit diejenige Tonspur auf den Kopfhörer, welche die bevorzugte Fassung des Märchens trägt. Es ist stets das Märchen in seiner ursprünglichen Form, in welcher das Kind es im Mutterleib vernommen hatte (DeCasper and Spence, 1986).

Das beschriebene Verfahren wird in verschiedenen Formen angewandt, um auszuloten, wie weit das erstaunliche Vermögen des neugeborenen Kindes reicht, Unterschiede des Sprachklanges und der linguistischen Form wahrzunehmen. Stets bevorzugen die kleinen Säuglinge die Stimme der eigenen Mutter gegenüber derjenigen einer anderen Frau, wenn beide dieselbe Testgeschichte lesen. Neugeborene zweisprachiger Mütter unterscheiden deren beide Sprachen und bevorzugen davon diejene, die sie im Laufe der Schwangerschaft überwiegend zu hören bekamen. Hingegen trifft das Neugeborene in der Wahl zwischen zwei Testgeschichten keine Entscheidung, sofern die eine vom eigenen Vater und die andere von einem fremden Mann gelesen wurde. Noch ist ihm die Stimme seines Vaters gleichermaßen fremd wie diejenige eines anderen Mannes (DeCasper and Fifer, 1980; DeCasper and Prescott, 1984).

Die Befunde belegen eine pränatale Prägung des Kindes durch die Stimme seiner Mutter. Sie allein vermag sich deutlich von den Hintergrundgeräuschen abzuheben, die innerhalb des Mutterleibes herrschen. Demgegenüber gehen Stimmen von außen darin unter (Querleu and Renar, 1981; Querleu et al., 1981). Das Gehörorgan des Fötus reift im letzten Drittel der Schwangerschaft zur vollen Funktionsfähigkeit heran (Birnholz and Benacerraf, 1983). Daher erreichen bereits während dieser Zeit Muster des Sprachschalles das zentrale Nervensystem des Kindes. Offensichtlich legt das Gehirn erste Gedächtnisspuren linguistischer Merkmale des mütterlichen Sprachschalles an. Diese ersten Gedächtnisspuren *(Engramme)* befähigen schließlich das Neugeborene, einst wahrgenommene Sprachmuster wiederzuerkennen und sie von neuartigen zu unterscheiden.

Das Gelingen dieser frühen Prägung auf Eigenarten mütterlicher Sprachlaute aber scheint an bestimmte Zeitabschnitte gebunden zu sein, in denen der Fötus motorisch aktiv ist. Sie kündigen sich der Schwangeren anhand vermehrter Kindsbewegungen an. Von den meisten Frauen wird dies erstmals um die 25. Woche der Schwangerschaft bemerkt, und alsbald verformt sich die Bauchdecke sichtbar unter den gleitenden oder stoßartigen Bewegungen des Kindes. Diese Bewegungen werden selten als vereinzelte Ereignisse beobachtet, sondern häufen sich schubartig, um dann wieder für einige Zeit auszubleiben. Ein Beispiel hierfür geben Aufzeichnungen der Bewegungsaktivität des Kindes *Aurelia* (Abb. 4–1 a).

Es ließ sich einrichten, daß *Aurelias* Mutter im Verlauf von zwölf Tagen die Kindsbewegungen an sich selbst beobachten und deren Häufigkeit in einer Strichliste festhalten konnte. Um äußere Ablenkungen möglichst gering zu halten, erfolgten die Selbstbeobachtungen jeweils zum Sonnabend in der Zeit zwischen 8 und 18 Uhr. So entstand im Verlauf von zwölf Schwangerschaftswochen je ein 10-stündiges Tagesaktogramm, welches die Anzahl wahrgenommener Kindsbewegungen in aufeinanderfolgenden Intervallen von fünf Minuten abbildet. In allen Profilen heben sich Aktivitätsspitzen deutlich von Phasen geringer Motilität ab. Teilweise treten die Aktivitäts-

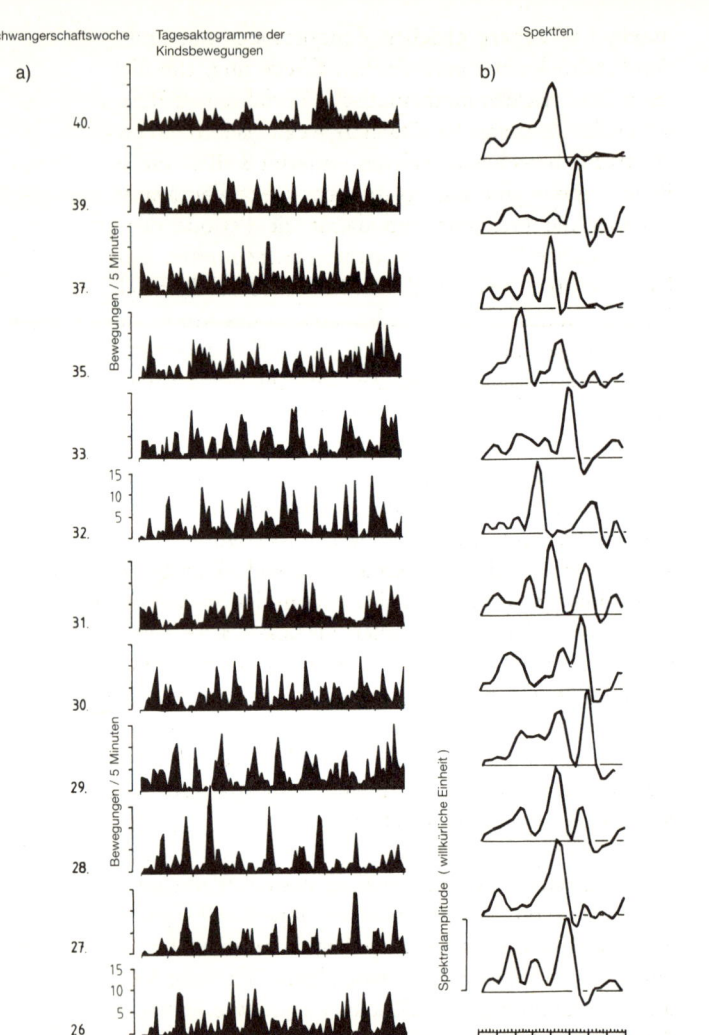

Abb. 4–1: a) Fötale Bewegungsaktivität des gesunden Kindes *Aurelia* im Zeitraum zwischen der 26. und 40. Schwangerschaftswoche. Die Bewegungen wurden von der Mutter wahrgenommen und in einer Strichliste verzeichnet. b) Spektren der Bewegungsaktivität.

maxima in nahezu gleichen Zeitabständen auf und erwecken den Eindruck einer periodischen Gliederung. Um dies genauer zu prüfen, wurden mathematische Verfahren zu Rate gezogen. Von jeder Zeitreihe der fötalen Bewegungsaktivität läßt sich ein Spektrum berechnen, welches Aufschluß über die beteiligten Periodizitäten gibt. Die Position des spektralen Maximums bezeichnet die Frequenz und damit die Periode der stärksten rhythmischen Komponente einer jeden Zeitreihe (Abb. 4–1 b). Die Spektren belegen deren Periodizität, doch gingen die Schwankungen der Bewegungsaktivität des Kindes an den einzelnen Tagen mit unterschiedlichen Zyklusintervallen einher. Dem Tagesaktogramm der 29. Schwangerschaftswoche unterlag, wie das entsprechende Spektrum zeigt, das kürzeste Periodenintervall von etwa 50 Minuten. Ein derartiger Rhythmus würde innerhalb eines Tages 28 Zyklen vollenden. Das Maximum des Spektrums ist auf der Frequenzachse am weitesten nach rechts verschoben. Demgegenüber wurde für das Aktogramm der 35. Schwangerschaftswoche die längste Periode von 90 Minuten bestimmt. Das Maximum des Spektrums liegt auf der Frequenzskala am weitesten zur linken Seite bei einem Wert von 16 Zyklen/Tag. An den übrigen Beobachtungstagen wurden Periodenintervalle zwischen 50 und 90 Minuten gefunden. Jedoch war kein Entwicklungstrend bezüglich dieses Periodenintervalles festzustellen. Kleinere und größere Zyklusintervalle waren gleichermaßen in früheren und späteren Wochen der Schwangerschaft zu beobachten.

Es muß verwundern, daß der Grundzyklus von Ruhe und Aktivität keine feste Periodenlänge besitzt. Wenn also der Motilitätszyklus von einer angeborenen, inneren Uhr gesteuert wird, geht diese nicht genau, da ihre Umlaufperiode von Tag zu Tag unterschiedliche Werte annehmen kann. Was mag der Grund für diese Variabilität der Zyklusdauer sein? Wie andere, endogene Rhythmen scheint der fötale Aktivitätszyklus in seinem Periodenintervall veränderlich zu sein, um sich gegebenenfalls mit einem weiteren Zyklus synchronisieren zu lassen. Eine derartige Synchronisation wurde erstmals von Sterman und Hoppenbrouwers (1971) beobachtet. Die Autoren registrierten die

Abb. 4–2: Synchronisation des fötalen Aktivitätszyklus mit den REM-Phasen einer Schwangeren.

fötale Bewegungsaktivität mit Hilfe elektrodynamischer Drucksensoren von der Bauchdecke, während die schwangere Frau schlief. Gleichzeitig leiteten sie deren Elektroenzephalogramm (EEG) und die Bewegungen ihrer Augen ab. Auf diese Weise konnten sie die *REM-Phasen* der Mutter erkennen. Es zeigte sich eine deutliche Phasenkoppelung der fötalen Motilitätsmaxima an die zyklisch auftretenden *REM-Phasen* der Mutter (Abb. 4–2). In 30 Simultanregistrierungen von fötaler Motilität und Schlafstadien an insgesamt acht Schwangeren fielen 65 Prozent der Maxima fötaler Aktivität mit den *REM-Phasen* der Frauen zusammen. Es ist bis heute unbekannt, weshalb sich der fötale Motilitätszyklus an die Schlafstadien der Schwangeren bindet.

Die beschriebene, intrauterine Prägung durch die mütterliche Stimme hängt möglicherweise davon ab, in welcher Phase des Ruhe-Aktivitätszyklus sich das ungeborene Kind befindet. Erste Gedächtnisspuren für Schallmuster der mütterlichen Stimme scheinen bevorzugt in Zeitabschnitten angelegt zu werden, in denen der Fötus motorisch aktiv ist. Andererseits kehren Phasen gehäufter Kindsbewegungen in einem periodischen Wechsel mit Phasen der Ruhe wieder. Es hat daher den Anschein, als „öffne" und „schließe" sich das Nervensystem des ungeborenen Kindes mit den Phasen seines Aktivitätszyklus. Während der motorischen Phasen nimmt es die Schallmuster der mütterlichen Stimme auf. In den Ruhephasen hingegen werden diese akustischen Eindrücke möglicherweise im Gehirn nachbearbeitet.

Der REM-Schlaf des Neugeborenen

Die gleiche Periodizität, welche die Motilität des ungeborenen Kindes beeinflußt, unterliegt dem Schlaf des Neugeborenen. Anhand des Elektroenzephalogramms und gleichzeitig registrierter Augenbewegungen des Säuglings läßt sich dessen Schlaf in *REM*- und *NREM-Phasen* unterteilen. Im Gegensatz zum *REM-Schlaf* des Erwachsenen gehen die raschen Augenbewegungen beim neugeborenen Kind mit einer motorischen Aktivität des ganzen Körpers einher. Herz- und Atemfrequenz sind beschleunigt. Der REM-Schlaf des Neugeborenen ist ein motorisch aktiver Schlaf. Im *NREM-Schlaf* hingegen fehlen Augen- und Körperbewegungen. Das neugeborene Kind atmet ruhig und gleichmäßig, sein Herz schlägt mit seiner normalen Ruhefrequenz. Beide Phasen wechseln im Laufe des Schlafes. Je eine *REM-Phase* und eine *NREM-Phase* bilden zusammen ein Zyklusintervall von circa 50 Minuten. Beide Phasen beanspruchen darin je 25 Minuten. Damit entfallen beim Neugeborenen je 50 Prozent des Schlafes auf *REM*- und *NREM-Phase*. Dieses Verhältnis ändert sich mit zunehmendem Alter, da der REM-Anteil im Laufe der Jahre sowohl absolut als auch relativ abnimmt. Zum einen verkürzt sich die tägliche Gesamtdauer des Schlafes stetig. Zum anderen dehnt sich der NREM-Schlaf auf Kosten des REM-Schlafes aus. Bei Erwachsenen beträgt letzterer nur noch 15–20 Prozent (Roffwarg et al., 1966).

Des weiteren verlängert sich das Zyklusintervall des Wechsels von REM- und NREM-Phasen von 50 auf durchschnittlich 90 Minuten. Das Neugeborene besitzt daher die kleinste Periode des Schlafstadienzyklus, aber den größten Anteil der *REM-Phasen* an der Dauer des Schlafes. Stellen wir die Sequenz von *REM*- und *NREM-Phasen* eines Neugeborenen dem Schlafsta-

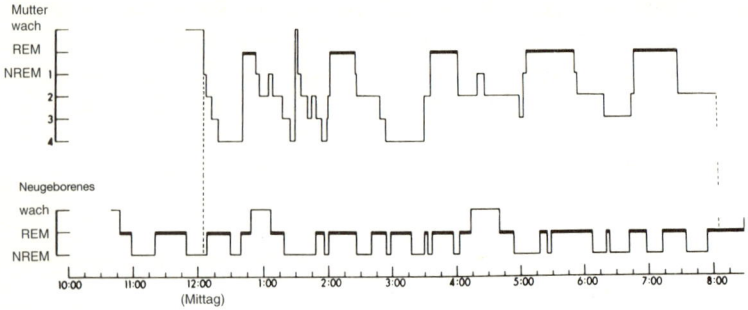

Abb. 4–3: Sequenz der REM- und NREM-Phasen eines Neugeborenen und seiner Mutter.

dienprofil seiner Mutter gegenüber wird diese Entwicklung augenfällig (Abb. 4–3).

Im vorausgegangenen Kapitel hatten wir Argumente zugunsten einer Theorie angeführt, die den *REM-Schlaf* im Dienst der Thermoregulation des Gehirnes sieht (Wehr, 1992). Weitere, gewichtige Argumente für diese Theorie liefert der Schlaf des Neugeborenen. Da dem kleinen Körper eines neugeborenen Kindes die isolierende Schutzschicht starken Muskelgewebes fehlt, kühlt er im Schlaf rascher ab als derjenige eines Erwachsenen. Außerdem verfügen Säuglinge während der ersten Lebensmonate über keine ausgeprägte Eigenregulation der Körpertemperatur. Sie ist daher niedriger als die älterer Kinder und Erwachsener. Eine Circadianperiodik der Körpertemperatur entwickelt sich erst im Laufe mehrerer Lebensmonate (Hellbrügge et al., 1964). Die warme Kernzone um das zentrale Nervensystem schwindet daher rasch, wenn der Körper des Neugeborenen im Schlaf abkühlt. Dementsprechend muß die Hirntemperatur häufiger nachgeregelt werden als beim Erwachsenen. Wenn dem REM-Schlaf ein Mechanismus zugrunde liegt, der einem Thermostaten gleicht, wird dieser bei Neugeborenen in kürzeren Intervallen anspringen als bei erwachsenen Menschen. Die *REM-Phasen* treten mit Zyklusperioden von 50 statt 90 Minuten auf. Anderseits müssen der *REM-Schlaf* und seine metabolischen Prozesse länger eingestellt bleiben, um im

Gehirn genügend Wärme freizusetzen. Die *REM-Phase* eines Säuglings dauert daher länger als diejenige eines Erwachsenen. Auf den gesamten Schlaf bezogen, hat daher das neugeborene Kind am längsten im *REM-Schlaf* zu verweilen. Desgleichen wird verständlich, weshalb das Neugeborene im Gegensatz zum Erwachsenen während der *REM-Phasen* seine gesamte Körpermotorik steigert. Es wärmt damit seine Extremitäten auf. Die zyklische Steigerung der Körpermotorik im Wechsel der *REM-* und *NREM-Phasen* wirft außerdem Licht auf die zyklische Motilität des ungeborenen Kindes. Die Phasen vermehrter Kindsbewegungen sind wahrscheinlich Vorläufer oder erste Manifestation des REM-Zyklus (Sterman und Hoppenbrouwers, 1971). Da der Fötus intrauterin gegen einen raschen Temperaturabfall abgesichert ist, wird der Thermostat des Gehirnes weniger häufig betätigt. Dementsprechend folgen Phasen vermehrter Kindsbewegungen mit etwas längeren Intervallen aufeinander (Abb. 4–1). Legt sich die schwangere Frau zu Bett, fällt ihre Körpertemperatur im Laufe der Nacht. Infolgedessen haben wir zu erwarten, daß sich die Kindsbewegungen gerade im Verlauf des Schlafes in periodischen Schüben häufen (Abb. 4–2b).

Gelegentlich verläßt das neugeborene Kind den raschen Zyklus von *REM-* und *NREM-Phasen* zu kurzen „Ausflügen" in den Zustand des Wachens und nimmt ihn am Ende einer Wachphase sogleich wieder auf (Abb. 4–3b). Zwischen dem Zyklus der Schlafstadien, den Übergängen in die Wachphasen und von diesen zurück bestehen statistische Beziehungen, die anhand eines weiteren Datensatzes zu erkennen sind.

Das gesunde, neugeborene Kind *Korbi* wurde während der ersten beiden Lebensmonate rund um die Uhr beobachtet. Zu Beginn der Studie war in der Entbindungsklinik die Möglichkeit gegeben, das Kind in einem eigenen Raum neben demjenigen seiner Mutter schlafen zu lassen. Dort wurde es auch von der Mutter gestillt und gepflegt. Damit wurde verhindert, daß sich die Pflegeroutine der Neugeborenenstation dem Schlaf-Wach-Verhalten des Kindes aufprägen konnte. Während der Wachphasen hatte das Kind ausgiebigen Kontakt mit seiner Mutter. Im Verlauf seiner Schlafphasen konnten in dem geson-

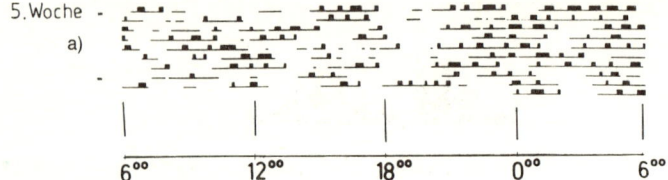

Abb. 4–4: a) Zeitkarte der Wachphasen und Schlafstadien eines gesunden Neugeborenen *(Korbi)* im Verlauf der fünften und sechsten Woche nach der Geburt. Jede Linie repräsentiert einen der neun Beobachtungstage. Dünne schwarze Balken auf einer Tageslinie bezeichnen Abschnitte des Schlafes, Kästchen auf den schwarzen Balken die *polygraphisch* bestimmten *REM-Phasen*. Weiße Zwischenräume entsprechen den Wachphasen.

derten, ruhigen Raum der Entbindungsklinik und später im Heim der Eltern das Elektroenzephalogramm (EEG) und die Augenbewegungen des Säuglings wiederholt registriert werden. Anhand dieser aufgezeichneten Funktionen ließen sich die Stadien des *REM-*und *NREM-Schlafes* bestimmen (Meier-Koll, 1979). Die beobachteten Wach- und Schlafphasen wurden in eine Zeitkarte übertragen, in der je eine Zeile den 24 Stunden eines Tages entspricht. Von unten nach oben angeordnete Zeilen bilden aufeinanderfolgende Tage der Beobachtung ab. Schwarze Balken auf den Zeilen bezeichnen die Abschnitte des Schlafes, die leeren Zwischenräume Phasen des Wachens. Schwarze Kästchen auf den Balken der Schlafphasen heben die darin beobachteten *REM-Phasen* hervor (Abb. 4–4a). Jedem Augenblick des spontanen Erwachens geht eine Sequenz von *REM-* und *NREM-Phasen* voraus. Nach beendeter Wachphase setzt sich der Schlaf mit einer weiteren Sequenz von *REM-* und *NREM-Phasen* fort. Die einzelnen Tage der Zeitkarte können daher in Abschnitte zerstückelt werden, die jeweils den Schlaf vor dem Erwachen, die Wachphase selbst und den nachfolgenden Schlaf enthalten. Diese Schlaf : Wach : Schlaf-Segmente lassen sich übereinanderlegen und auf den Zeitpunkt des Erwachens gleichrichten. Schließlich kann aus diesen Segmenten die mittlere Häufigkeitsverteilung der *REM-Phasen* für die Zeit vor, als auch nach dem Beginn einer Schlafphase bestimmt werden.

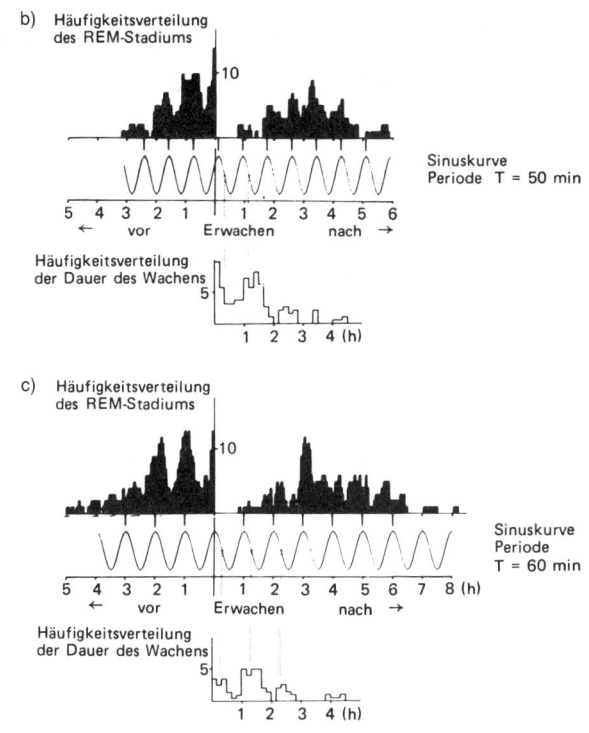

Abb. 4–4: b) Schlaf: Wach: Schlaf-Segmente der Zeitkarte aus dem Tagesintervall von 6–18 Uhr untereinander angeordnet und bezüglich der Zeitpunkte des Erwachens gleichgerichtet, lassen periodische Häufungszonen des *REM-Schlafes* vor und nach den Wachphasen erkennen. Die periodische Struktur dieser Häufigkeitsprofile (schwarze Diagramme) läßt sich als Wirkung eines Grundzyklus von 50–60 Minuten deuten, der sich durch die Wachphase fortsetzt (Sinus-Kurve). Weißes Diagramm: Häufigkeitsverteilung der Dauer von Wachphasen. c) Entsprechende Analyse des Datensatzes für das Tagesintervall von 18–6 Uhr.

Werden Unterschiede zwischen Tages- und Nachtzeit in Rechnung gestellt, lassen sich aus den Beobachtungsdaten getrennte Verteilungsmuster für die Tages- (6–18 Uhr) und Nachtzeit (18–6 Uhr) gewinnen. Anhand dieser Verteilungsmuster kann die Häufigkeit des *REM-Schlafes* in Einheiten von fünf Minuten ausgezählt und jeweils als Profilgraphik dargestellt werden (Abb. 4–4b und c). Man erkennt, daß sich der *REM-Schlaf* sowohl untertags als auch des nachts in Abständen von 150, 100 und 50 Minuten vor dem Erwachen häuft. Die gleiche periodische Gliederung zeigen auch die Verteilungen des *REM-Schlafes* nach dem Zeitpunkt des Erwachens. Im Vergleich mit der Periode eines Modellzyklus wird augenfällig, daß die periodischen Häufungen der *REM-Phasen* sowohl vor als auch nach dem Erwachen als Wirkung eines Grundzyklus von etwa 50–60 Minuten erscheinen, der sich unverändert durch die Wachphase fortsetzt. Der Modellzyklus wurde aufgrund einer *mathematischen Kreuzkorrelation* mit dem Verteilungsprofil der *REM-Phasen* ausgewählt und stellt die den Daten am besten angepaßte Periodik dar. Die statistische Phasenbeziehung von REM-Zyklus und Erwachen des Kindes aber besagt, daß dieses überwiegend zu Beginn derjenigen Halbphasen des 50-Minuten-Zyklus erwacht war, welche innerhalb des Zyklus den *REM-Phasen* entsprechen. Hätte das Kind weitergeschlafen, statt zu erwachen, wäre es in eine *REM-Phase* eingetreten. Der 50-Minuten-Zyklus scheint sich unbeeinflußt durch die Wachphase fortzusetzen, um erneut im nachfolgenden Schlaf als REM-Zyklus zu erscheinen.

Ähnlich dem Zeitpunkt des Erwachens hält auch der Vorgang des Einschlafens eine bevorzugte Phasenbeziehung zum 50-Minuten-Zyklus der Schlafstadien ein. Dies läßt sich anhand eines zusätzlichen Diagramms belegen, welches die Häufigkeit der zeitlichen Dauer von Wachphasen darstellt (Abb. 4–4b und c). In der Zeitkarte sind kürzere und längere Wachphasen verzeichnet. Das Häufigkeitsdiagramm für die Längen der Wachphasen besitzt zwei bis drei Maxima. Das erste liegt bei 10–20 Minuten, das zweite bei 60–70 Minuten, ein drittes bei 110–120 Minuten. Dies bedeutet, daß Wachphasen dieser Längen häufiger waren als Wachphasen von anderer Dauer. War das Kind einmal erwacht, so schlief es bevorzugt nach 10–20 Minuten, nach 60–70 Minuten oder nach 110–120 Minuten wieder ein. Ein Vergleich des Häufigkeitsprofils der Wachdauer mit demjenigen der REM-Phasen zeigt, daß die bevor-

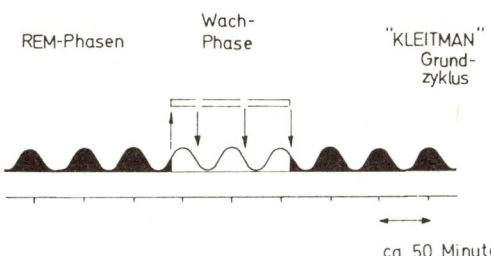

Abb. 4–5: Schematische Darstellung der zeitlichen Phasenbeziehung des 50-Minuten-Zyklus der *REM-Phasen* zu den Wachphasen. Bevorzugte Längen der Wachphasen ergeben sich, wenn mit den auf- und absteigenden Flanken des Grundzyklus ein „Tor" für das Erwachen (↑) und den Eintritt in den Schlaf (↓) betätigt wird.

zugten Zeitpunkte des Einschlafens jeweils mit den absteigenden Flanken des 50-Minuten-Zyklus zusammenfallen.

Das wesentliche Ergebnis dieser statistischen Analyse der zeitlichen Verteilung von *REM-Phasen* ist der Beleg eines 50-Minuten-Zyklus der sich in Schlaf- und Wachphase unverändert fortsetzt und dabei die periodische Verteilung im Auftreten von *REM-Phasen* regelt. Diese Periodizität entspricht einem von Kleitman (1963) postulierten Grundzyklus von Ruhe und Aktivität (*Basic Rest Activity Cycle*: BRAC).

Offensichtlich betätigt der 50-Minuten-Zyklus ein „Tor", durch welches der Säugling aus dem Schlaf in die Wachphase und von dieser wieder in den Schlaf übertreten kann. Am Ende einer *NREM-Phase* öffnet sich im Übergang zur nächsten *REM-Phase* ein Tor und gibt den Weg in die Wachphase frei. Die Wachphase tritt damit anstelle einer *REM-Phase*. Während der Wachphase läuft der 50-Minuten-Zyklus verborgen weiter und öffnet das Tor zum Schlaf, sobald diejenige Halbphase des Zyklus, welche einer verborgenen REM-Phase entspricht, zu Ende geht. Ist diese Zeit verstrichen und das Kind über den Einschlafpunkt hinweggekommen, bleibt es meist für weitere 50 Minuten oder ein Vielfaches davon wach, bis sich das „Tor" zum Schlaf erneut öffnet (Abb. 4–5).

Manches Elternpaar wird sich von der Gültigkeit dieser

Phasenbeziehung aus eigener Anschauung überzeugen lassen. Säuglinge, die den Zeitpunkt des Einschlafens aufgrund äußerer Veranlassungen übersprungen haben, widerstehen zumeist jeglichen Zeremonien der Beruhigung. Sie werden wieder *aktiv,* erscheinen ihren Eltern als „überdreht" und finden meist erst nach etwa einer Stunde in den Schlaf.

REM-Schlaf und erstes Lernen

Wir wissen bereits, daß der Schlaf als Ganzes, insbesondere aber die *REM-Phasen* an Prozessen der Gedächtnisspeicherung beteiligt sind. Beobachtungen am menschlichen Säugling belegen des weiteren einen Zusammenhang von *REM-Schlaf* und Lernen. Paul und Dittrichova (1975) ließen Säuglinge mit einem Lichtspiel experimentieren, das die Kinder auslösen konnten, sofern sie ihr Köpfchen in bestimmter Weise zur rechten oder linken Seite drehten. Hatte ein Kind den Kopf zur richtigen Seite gewendet, wurde es mit einem Schauspiel bunt aufblinkender Lämpchen belohnt. Im Alter von sechs Monaten lernen Säuglinge verhältnismäßig rasch, welche Kopfbewegung einen solchen Erfolg herbeiführt. In der folgenden Schlafphase zeigte sich dann, daß der *REM-Schlaf* gegenüber dem Schlaf ohne vorangegangene Versuche, solches zu erlernen, an Länge gewonnen hat. Die *REM-Phase* hatte sich nicht infolge der motorischen Anstrengung des Säuglings verlängert, sondern hing ausschließlich davon ab, ob das Kind den Zusammenhang von Kopfbewegung und dem belohnenden Reiz tatsächlich gelernt hatte. In *Pseudoversuchen* ohne funktionalen Zusammenhang zwischen Kopfdrehung und dem Erscheinen des Lichtspieles, vollführten die Säuglinge zwar gleichviele Kopfbewegungen, konnten aber keinen Zusammenhang zwischen ihrem Verhalten und dem Reizmuster erlernen. Der *REM-Schlaf* dieser Säuglinge war nicht verlängert.

Die Künstlichkeit eines solchen Versuchsdesigns könnte den Blick dafür verstellen, daß die beschriebenen Lernexperimente an Säuglingen zur Untersuchung von Prozessen dienen, die täglich in natürlichen Situationen ablaufen. Die erste, noch vorsprachliche Verständigung eines Säuglings mit seinen Eltern entwickelt sich in einer Folge ähnlicher Lernschritte und deren Bekräftigung durch das Verhalten der Bezugspersonen. Das Kind betätigt durch sein Verhalten das Minenspiel seiner Eltern und lernt so, mit welchen seiner Verhaltensweisen es deren freundliche Zuwendung gewinnen kann.

Die Entwicklung des Schlaf-Wach-Verhaltens

Die Geburt eines Kindes setzt gewohnte Zeiteinteilungen einer Familie außer Kraft. Die Eltern werden sich vielfach genötigt sehen, Besorgungen aufzuschieben, da ihr Kind gerade unerwartet lange und tief schläft, oder eine augenblickliche Tätigkeit zu unterbrechen, sobald es sich schreiend meldet. Außerdem kann die abendliche Muße der Munterkeit eines lautstarken Babys zum Opfer fallen, das allen beruhigenden Zeremonien zum Trotz die ganze Nacht wach bleiben will. Auch nächtliche Ruhestörungen sind inbegriffen. Das Familienleben ist unter den Einfluß eines biologisch vorbestimmten Zeitplanes geraten, der dem Schlaf-Wach-Verhalten des Säuglings zugrunde liegt. Kaum wird es verwundern, wenn junge Eltern mitunter ratlos werden und sich fragen, ob denn ihr Kind im Hinblick auf sein Schlaf-Wach-Verhalten „normal" sei. Entspricht es einer natürlichen Norm, wenn ein Baby noch viele Wochen nach der Geburt nachts mehrmals erwacht? So wird angesichts nächtlicher Störungen des Schlafes der Eltern häufig gefragt: Zu welchem Zeitpunkt beginnt ein gesundes Baby nachts durchzuschlafen? Es ist eine besondere Pointe, daß gerade die mangelnde Kenntnis über das Schlaf-Wach-Verhalten des Säuglings die moderne Schlafforschung in Gang gebracht hat. Zu Beginn der 50er Jahre mußten Kleitman und Engelmann (1953) feststellen, daß in den Lehrbüchern der Kinderheilkunde und anderen medizinischen und pädagogischen Werken vielfach Unzutreffendes über diesen Gegenstand zu lesen war. Die offensichtliche Unkenntnis beruhte auf dem Mangel an empirischen Studien. So begannen *Kleitman* und sein Doktorand *Aserinsky* (1953, 1955) ausgehend von Studien an Säuglingen, den Schlaf erstmals mit Hilfe des Elektroenzephalogrammes zu untersuchen. Sie entdeckten dabei die *REM-Phase* als einen eigenständigen, physiologischen Zustand und begründeten die Schlafforschung als einen besonderen Zweig der Neurophysiologie.

Die Regulation des Schlaf-Wach-Verhaltens im Laufe der ersten Lebensmonate beansprucht jedoch nicht nur aus praktischen Gründen besondere Aufmerksamkeit. Vom Augenblick der Geburt an findet sich das unreife Nervensystem des Kindes einer Flut neuartiger Reize ausgesetzt. Dieser Strom an Umweltreizen aber wird im Zeitmaß der Wach- und Schlafphasen geschleust und reguliert. Daher stellt das zeitliche Verteilungsmuster von Wach- und Schlafphasen ein *natürliches Raster* dar, innerhalb dessen der Säugling seine ersten Erfahrungen sammelt und zu verarbeiten beginnt. Die Struktur dieses Zeitrasters wird von verschiedenen, endogen gesteuerten Periodizitäten bestimmt und ändert sich mit fortschreitender Reifung des kindlichen Gehirns. **Die Entwicklung des Schlaf-Wach-Verhaltens spiegelt daher einen zentralen Aspekt der Neurobiologie des Menschen wider.** Einblicke in den Beitrag endogener Rhythmen an der Gestaltung des Schlaf-Wach-Musters und dessen postnataler Entwicklung erfordern Längsschnittstudien an einzelnen Säuglingen.

In der Tradition früherer Arbeiten von *Gesell* und *Amatruda* (1945) sowie *Kleitman* und *Engelmann* (1953) über die Schlafregulation bei Säuglingen stehen verschiedene Fallstudien zur postnatalen Entwicklung des Schlaf-Wach-Verhaltens. In jeder Studie wurden Phasen des selbstbestimmten Schlaf-Wach-Verhaltens eines einzelnen Kindes im Verlauf mehrerer Monate fortlaufend in Tagesprotokollen verzeichnet. Die Daten lassen sich in Zeitkarten übertragen. Darin stellen übereinander angeordnete Linien je einen ganzen Tag dar. Auf diesen Tageslinien bezeichnen schwarze Balken die Zeitspannen des Schlafes, weiße Zwischenintervalle dagegen die Wachphasen. Die Übertragung der Daten beginnt mit der untersten Zeile einer Zeitkarte, die dem ersten Lebenstag entspricht. Die zunehmende Entwicklung einer Tagesperiodik hervorzuheben, können je zwei sol-

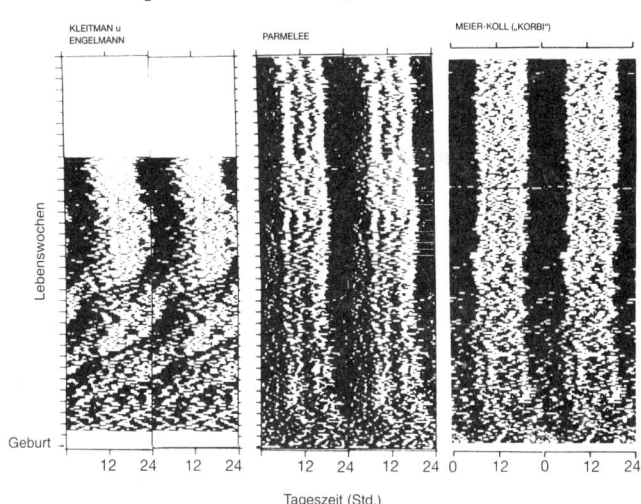

Abb. 4–6: Zeitkarten des Schlaf-Wach-Verhaltens von drei Säuglingen, die nach dem *self-demand-Prinzip* gepflegt wurden. Der Schlaf der Säuglinge wurde nicht unterbrochen. Sie wurden gefüttert, sofern ihr Verhalten eindeutig auf ihr Nahrungsbegehren (demand) schließlich ließ. Jede Zeile der Karten entspricht einem Tag. Schwarze Balken: Schlafphasen, weiße Zwischenintervalle: Wachphasen. Die Übertragung der Daten beginnt jeweils am unteren Rand der Zeitkarten mit dem ersten ganzen Lebenstag. Alle Zeitkarten sind im Doppelraster von zweimal 24 Stunden wiedergegeben. Man erkennt individuell unterschiedliche *Einschwingzeiten* einer Tagesperiodik des Schlaf-Wach-Musters. Neben der Entwicklung einer Tagesperiodik lassen sich kürzere, ultradiane Periodizitäten in den Verteilungsmustern der Schlaf- und Wach-Phasen erkennen.

cher Zeitkarten aneinandergefügt werden. Derartige Doppelkarten bilden das Schlaf-Wach-Muster in einem Raster von zweimal 24 Stunden ab. Drei Beispiele belegen, daß nach der Geburt noch keine deutliche Tagesperiodik besteht. Die endogene Regulation des Schlaf-Wach-Verhaltens eines Neugeborenen ist noch nicht an den Tag-Nacht-Wechsel angepaßt. Es bedarf einer individuell verschieden langen Entwicklungsspanne von Wochen und Monaten bis sich eine Tagesperiodik im

Schlaf-Wach-Muster des Säuglings fest eingestellt hat. Anhand der Zeitkarte nach *Kleitman* und *Engelmann* erkennen wir ein ausgeprägtes Driften der Zonen gehäuften Schlafes und Wachens (Abb. 4–6 a). Das gesamte Muster gleicht demjenigen erwachsener Personen, die für lange Zeit von äußeren Einflüssen abgeschirmt in Bunkern und Höhlen gelebt haben (vergleiche Abb. 3–2). Es zeigt für die ersten vier Monate einen freilaufenden Circadianrhythmus. Erst nach der 16. Lebenswoche wurde dieser Circadianrhythmus mit dem äußeren Tag-Nacht-Wechsel synchronisiert. Offensichtlich bedarf es einer fortgeschrittenen Reifung des Gehirnes und seiner Sinnesorgane, damit äußere Reize im Wechsel von Tag und Nacht das circadiane System des Säuglings erreichen und darauf synchronisierend einzuwirken vermögen. Eingebettet in die circadiane Struktur des Schlaf-Wach-Musters finden sich kürzere, ultradiane Periodizitäten. Sie stellen sich teilweise sogar schon während der ersten Lebenswochen ein, in denen die circadiane Gliederung des Musters noch fehlen kann (Abb. 4–6).

Ultradiane und circadiane Rhythmen weben das Muster von Schlaf und Wachen

Eine der oben genannten Entwicklungsstudien sei gesondert hervorgehoben, da sie mit dem Ziel angelegt war, Einblicke in den Beitrag ultradianer und circadianer Rhythmen an der Regulation des Schlaf-Wach-Verhaltens zu gewinnen. Es handelt sich um eine Längsschnittstudie an dem gesunden Neugeborenen *Korbi,* demselben Kind, dessen *REM-Phasen* wir bereits einer Analyse unterzogen hatten. Für die Studie war in der Entbindungsklinik die Bedingung des *rooming-in* geschaffen worden. Das Neugeborene wurde daher keiner festen Pflegeroutine unterworfen, sondern vom Tag der Geburt an nach seinem selbstbestimmtem Zeitplan gefüttert und gepflegt *(self-demand-Prinzip).* Insbesondere sollte es gemäß seiner inneren Bedürfnisse schlafen und wachen. Alle Einwirkungen nach einem festen Zeitplan wurden vermieden. Tageszeit und Dauer der Schlaf- und Wachphasen des Säuglings *Korbi* hatten dessen Eltern in einem Notizbuch festgehalten. Dieses Protokoll konnte lückenlos von Tag zu Tag bis zum Ende des ersten Lebensjahres geführt werden. Die Daten der ersten acht Lebensmonate stellt Abb. 4–6c dar. Wir greifen davon die ersten vier Monate heraus, in deren Verlauf sich die Circadianperiodik fest einstellt, und geben diesen Abschnitt in einer gesonderten Zeitkarte wieder (Abb. 4–7a).

Dem Betrachter fällt ein weißes Band auf, das ähnlich der Milchstraße am nächtlichen Himmel den dunkleren Hintergrund der Zeitkarte durchzieht. Da die weißen Stellen den Wachphasen entsprechen, zeichnet sich in dieser „Milchstraße" eine Zeitzone gehäuften Wachens ab. Das helle Band verläuft schräg aus der unteren rechten Ecke zur Mitte des oberen Abschnittes der Zeitkarte. Dies deutet auf einen circadianen Rhythmus hin, der sich während der ersten Lebenswochen aus einem scheinbar ungeordneten Schlaf-Wach-Muster entwickelt und so lange bezüglich der Tageszeit driftet, bis er sich am Ende des dritten Lebensmonats dem äußeren Tag-Nacht-Wechsel angeglichen hat. In den ersten Wochen häuften sich die Wachphasen des Säuglings in den Abend- und Nachtstunden, während die Abschnitte des Schlafes überwiegend am Tag zu verzeichnen waren. Es hatte sich demnach bereits in den ersten Wochen ein eigener Circadianrhythmus eingestellt, der jedoch nicht an den äußeren Tag-Nacht-Wechsel angepaßt war. Im Lauf der ersten drei Monate veränderte der Circadianrhythmus seine Phasenbeziehung gegenüber dem Tag-Nacht-Wechsel, so daß sich die Häufungszone der Wachphasen gleitend auf das Zeitintervall zwischen 6 und 18 Uhr verlagerte.

Innerhalb der circadianen Verteilung von Schlaf- und Wachphasen läßt sich eine Feinstruktur erkennen. Dies gelingt, wenn man die Zeitkarte betrachtet und dabei etwas blinzelt. Die scharfen Konturen des Schwarz-Weiß-Musters schwächen sich dabei ab und lassen eine Reihe schmaler, periodisch angeordneter Streifen verdichteter Wachphasen vor einem dunklen Hintergrund der Schlafphasen hervortreten. Man kann so bereits erahnen, daß neben und innerhalb des circadianen Bandes der „Milchstraße" eine weitere Periodizität mit kürzeren Zyklusintervallen bestand. Dieser Eindruck läßt sich verstärken, wenn

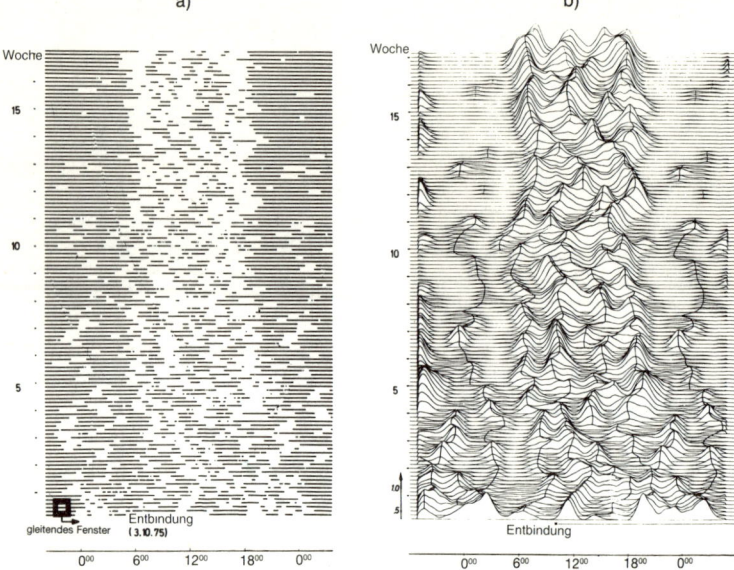

Abb. 4–7: a) Zeitkarte des Schlaf-Wach-Verhaltens des gesunden Säuglings *Korbi* im Laufe der ersten vier Lebensmonate. Jede Zeile der Karte entspricht einem Tag. Schwarze Balken bezeichnen Abschnitte des Schlafes, weiße Intervalle solche des Wachens. b) Reliefkarte der Kumulationsdichte von Wachphasen entsprechend der Zeitkarte.

wir bestimmen, wie sehr sich die Wachphasen in den einzelnen Regionen der Zeitkarte verdichten. Dazu wird in die Zeitkarte ein kleines Testfenster gelegt, innerhalb dessen die Anzahl der Wachzustände in Einheiten von je 10 Minuten ausgezählt werden kann. Wird das Fenster entlang einer Tageslinie verschoben, werden bald mehr, bald weniger Wachzustände innerhalb des Fensterrahmens sichtbar. Solche Schwankungen gehäufter Zustände des Wachens lassen sich als Funktion der Tageszeit darstellen. Wird die zeilenweise Zählung der Wachzustände um je eine Zeile, also um je einen weiteren Tag fortgesetzt, erhalten wir schließlich eine Reliefkarte. Die darin hervortretenden Gebirgszüge entsprechen den Zonen gehäuften Wachens, die Täler hingegen den Zeitzonen vermehrten Schlafes (Abb. 4–7b).

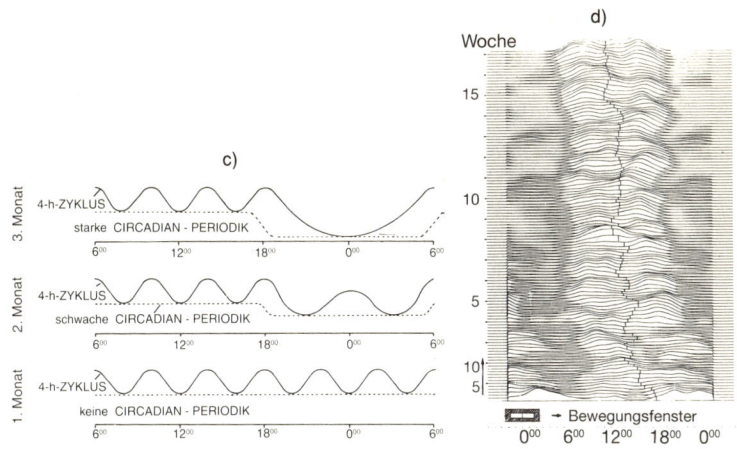

4–7: c) Schematische Profilschnitte der Reliefkarte zu verschiedenen Zeiten der postnatalen Entwicklung des Schlaf-Wach-Verhaltens. d) Reliefkarte der circadianen Komponente des Schlaf-Wach-Verhaltens.

Während des ersten Lebensmonats folgen die Zonen des Wachens, kenntlich an den Gratlinien der Gebirgszüge, in nahezu periodischen Intervallen von je vier Stunden aufeinander. Entsprechend ziehen über ein Tagesintervall von 24 Stunden jeweils sechs Wellenzüge hinweg. Drei Perioden entfallen dabei auf den Tag (6–18 Uhr) und drei auf die Nacht (18–6 Uhr). Es hat sich also bereits nach der Geburt ein ultradianer Rhythmus eingestellt. Er bestimmt überwiegend die Verteilung der Wach- und Schlafphasen. Seine 4-Stunden-Periodik, die gleichermaßen zur Tages- und Nachtzeit fortbestand, findet sich schematisch in einer Prinzipskizze hervorgehoben (Abb. 4–7c).

Jenseits des ersten Lebensmonats änderte sich das Muster erstmals. Waren zuvor noch zwei nächtliche Wachphasen beobachtet worden, verringerten sich diese zu Beginn des zweiten Monats auf eine einzige. Die Nacht wurde nur noch von zwei Schlaf-Wach-Perioden überspannt, während sich untertags weiterhin drei Perioden entwickelt hatten (Abb. 4–7b). Am Ende der elften Woche schließlich brach auch die verbliebene Zeitzone nächtlicher Wachphasen ab. Das Kind begann nachts durchzuschlafen. Tagsüber aber folgte sein Schlaf-Wach-Verhalten weiterin einer Periodik von ungefähr vier Stunden. Schemaskizzen veranschaulichen, in welcher Weise sich das Dichterelief der Wachphasen im Laufe der ersten Monate verändert hat (Abb. 4–7c). Es sieht aus, als würde die Periode des ultradianen Rhythmus mit den Halbphasen des circadianen Rhythmus teils verlängert, teils verkürzt. Diese Modulation der Periode des ultradianen Rhythmus scheint sich in dem Maße auszuwirken, in welchem sich der circadiane Rhythmus zu voller Stärke entwickelt.

Werden die Datenreihen, wie oben beschrieben, mit einem breiteren Zeitfenster gemittelt, lassen sich ultradiane Periodizitäten einschließlich des 4-Stunden-Rhythmus ausglätten. In einem entsprechenden Verteilungsrelief für die Dichte der Wachphasen bleibt dann alleine die circadiane Komponente übrig. Sie entspricht dem, was hier als „Milchstraße" bezeichnet worden war und zeigt die gleitende Phasenverschiebung des circadianen Rhythmus gegenüber der Tageszeit (Abb. 4–7d). Im Fall des Kindes *Korbi* mündete dieser Vorgang erst im Verlauf des dritten Monats in eine vollständige Synchronisation mit der Tageszeit. Soll sich das Schlaf-Wach-Verhalten eines Säuglings an den Tag-Nacht-Wechsel anpassen, setzt dies offensichtlich eine Entwicklung des circadianen Rhythmus voraus. Dieser läuft zunächst frei und gerät erst im Laufe weiterer Wochen unter den Einfluß des Wechsels von Tag und Nacht. Die Reizkulisse des Tag-Nacht-Wechsels aber kann nur in dem Maße Einfluß auf den circadianen Rhythmus gewinnen, in welchem das zentrale Nervensystem des Säuglings reift. **Die Zeitkarte und daraus abgeleitete Reliefkarten des Schlaf-Wach-Verhaltens spiegeln somit die postnatale Reifung des Gehirnes wider** (Meier-Koll et al., 1978).

Ein Computer simuliert das Schlaf-Wach-Verhalten des Kindes Korbi

Anhand der Reliefkarte des Schlaf-Wach-Verhaltens (Abb. 4–7b) war zu sehen, daß zwei Oszillationen, eine ultradiane von etwa vier Stunden Zyklusdauer und eine circadiane darin zusammenwirkten, das Muster der Schlaf- und Wachphasen zu weben. Die Periode des ultradianen Rhythmus schien dabei den Halbphasen des circadianen Rhythmus entsprechend verkürzt oder gedehnt zu werden. Wenn die beobachtete Periodenmodulation des ultradianen Rhythmus einer Koppelung an den circadianen Rhythmus entspringt, sollte es möglich sein, auf dieses Prinzip ein Simulationsmodell für das Schlaf-Wach-Verhalten des Säuglings zu gründen. Der ultradiane 4-Stunden-Rhythmus wurde in einer Computersimulation von einer Oszillation vertreten, deren Periode ein circadianer Modellrhythmus in der angegebenen Weise verändern konnte. Die fortgesetzte, mathematische Simulation des Laufes beider Rhythmen ließ eine theoretische Reliefkarte für die Verteilung der Wachphasen entstehen. Sie läßt sich mit der Reliefkarte der tatsächlich beobachteten Wachphasen vergleichen (Abb. 4–8).

Man erkennt, daß die Reliefkarten sowohl in ihrer globalen Struktur als auch in Einzelheiten übereinstimmen: In einem ersten Abschnitt (I) der Simulation war kein circadianer Rhythmus wirksam. Die Reliefkarte zeigt in diesem Abschnitt ein Feld driftender „Wellen", die der freilaufende Ultradianrhythmus erzeugt. Für die Simulation wurde dessen Periode mit vier Stunden und zwanzig Minuten angesetzt. Im nächsten Abschnitt (II) der Zeitkarte wurde dem Ultradianrhythmus ein circadianer Rhythmus von mittlerer Amplitude hinzugefügt. Die Schwingungen beider Rhythmen überlagern sich linear. Die Periode des ultradianen Rhythmus aber wurde, wie beschrieben, während der nächtlichen Halbphase des circadianen gedehnt. Damit geht eine erste, schwache Koppelung beider Oszillationen einher. Sie veranlaßt das gesamte System zu seltsamen Schlingerbewegungen. Man erkennt dies an dem gewundenen Verlauf der Gratlinien und Täler im mittleren Abschnitt der Reliefkarten (Abb. 4–8). Ein ähnliches Schlingern hatten wir im vorausgegangenen Kapitel an einem Paar schwach gekoppelter Circadianrhythmen gesehen (vgl. Abb. 3–4). In unserem Modell erfährt der ultradiane Rhythmus eine schwache Bindung an den circadianen. Daher vermag der Ultradianrhythmus zeitweise frei zu laufen. Er driftet dann ein Stück gegenüber der

Tageszeit und den Halbphasen des circadianen Rhythmus und versucht gleichsam der Bindung an den circadianen Rhythmus zu entkommen. Die Koppelung beider Rhythmen verhält sich dabei wie ein locker hängendes Seil und bleibt vorerst unwirksam. Schließlich ist der Ultradianrhythmus soweit abgedriftet, daß er die koppelnde Kraft des circadianen Rhythmus betätigt. Er spannt gleichsam ein verbindendes Seil, dessen Kraft ihn wieder zurückzieht. Diesem „Wettstreit" beider Rhythmen entspringt das Hin und Her gewundener Gratlinien im mittleren Abschnitt der theoretischen Reliefkarte (Abb. 4–8).

Im letzten, oberen Abschnitt (III) schließlich unterliegt der ultradiane einem starken circadianen Rhythmus. Es sind nur noch zwei ultradiane Perioden während der Tagesphase zu beobachten. Im Verlauf der Nacht dagegen wird die Periode des ultradianen Rhythmus über die gesamte nächtliche Halbphase des circadianen Rhythmus gedehnt. Das Muster als Ganzes ist an den Tag-Nacht-Zyklus angebunden.

Die Möglichkeit, das Schlaf-Wach-Verhalten eines Säuglings für einen Zeitraum von drei Lebensmonaten mit Hilfe eines programmierten Computermodells nachzuahmen, belegt den hohen Grad an Gesetzmäßigkeit, der dieser Entwicklung zugrunde liegt.

Ultra- und circadiane Rhythmen als Uhrwerk der frühkindlichen Reifung des Nervensystems

Zweierlei Zyklen also, ein ultradianer 4-Stunden-Rhythmus und ein circadianer Rhythmus bestimmten das Schlaf-Wach-Verhalten des Kindes *Korbi,* zumindest im Laufe der ersten drei bis vier Monate. Dem fügte sich ein dritter Zyklus ein, der *REM-* und *NREM-Phasen* des Schlafes zu periodischen Sequenzen ordnet. Ohne ihre Einzelheiten zu verallgemeinern, liefert unsere Fallstudie in Verbindung mit ähnlichen Arbeiten Anhaltspunkte für ein integrales, wenn auch schematisches Bild der postnatalen Entwicklung des Schlaf-Wach-Verhaltens. Wir hatten bereits im 2. Kapitel ultradiane und circadiane Komponenten mit den Umlaufzyklen von Minuten- und Stundenzeiger

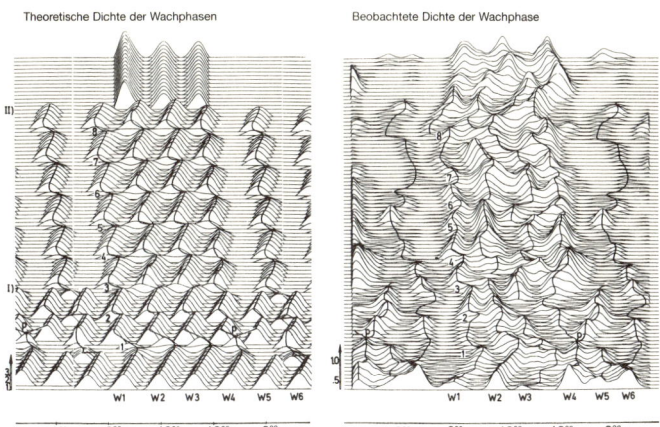

Abb. 4–8: Theoretisches und empirisches Relief der Kumulationsdichte von Wachphasen des Kindes *Korbi* im Verlauf der ersten drei Lebensmonate. W_1–W_6: Gratlinien ultradianer „Wellen".

einer Uhr verglichen. Ähnlich handelsüblichen Uhren, die einen Sekundenzeiger besitzen, ist auch die innere „Uhr" eines Säuglings mit einen dritten, rasch umlaufenden Zeiger versehen. Sein Zyklus vollendet sich mit einem Intervall von 50 Minuten. Die Halbphasen dieses schnellen Zyklus entsprechen den *REM-* und *NREM-Phasen* des Schlafes. Im Lauf der postnatalen Entwicklung werden diese zyklischen Funktionsteile gleichsam nacheinander zu einem Uhrwerk zusammengesetzt.

Als erster beginnt der 50-Minuten-Zyklus von *REM-* und *NREM-Phasen* zu arbeiten. Man kann ihn bereits intrauterin anhand der Motilität des ungeborenen Kindes beobachten. Nach der Geburt stellt sich ein zweiter Ultradianrhythmus ein. Er veranlaßt das Baby in durchschnittlichen Intervallen von vier Stunden den schnellen REM-Zyklus zu verlassen und in den Wachzustand zu wechseln (Abb. 4–9, unten). Der 50-Minuten-Zyklus aber bestimmt den genauen Zeitpunkt des Erwachens. Mit seiner ansteigenden Flanke öffnet er gleichsam ein Tor, durch welches das Kind in den Zustand des Wachens treten kann. Andererseits öffnet derselbe Zyklus mit seiner ab-

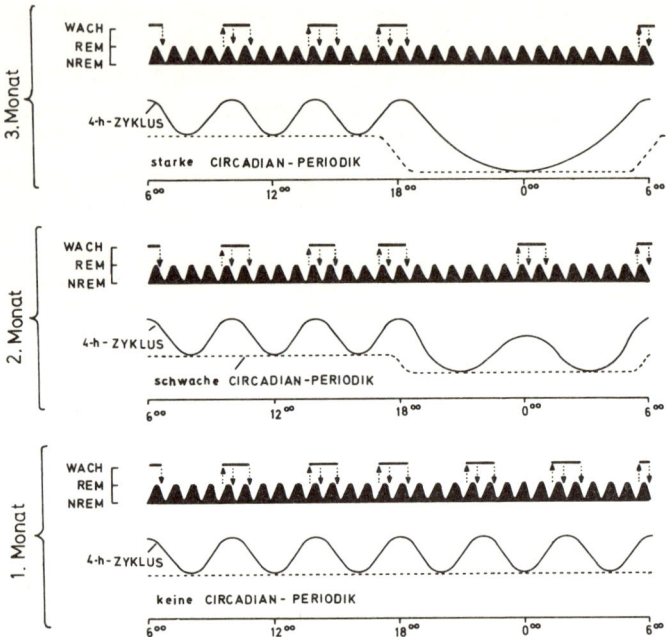

Abb. 4–9: Schematische Darstellungen des Zusammenwirkens dreier endogener Rhythmen in verschiedenen Monaten der postnatalen Entwicklung. Der 4-Stunden-Zyklus bewirkt Übergänge vom Schlaf- in den Wachzustand. Die bevorzugten Zeitpunkte des Erwachens und Einschlafens werden außerdem durch die 50-Minuten-Periode des Ruhe-Aktivitätszyklus von *REM*- und *NREM-Phasen* bestimmt. Mit dem Aufkommen der Circadianperiodik (2. Monat) wird die Periode des 4-Stunden-Zyklus im Verlauf der nächtlichen Halbphase verlängert. Schwarze Balken: Wachphasen; ↑: Erwachen; ↓: bevorzugte Phasen des Einschlafens.

fallenden Flanke ein zweites Tor, durch welches das Kind aus dem Wachen erneut in den Schlaf gleiten kann.

Um den zweiten Lebensmonat wird den ersten beiden Funktionseinheiten als dritte ein Circadianrhythmus hinzugefügt. Er bewirkt, daß sich die Periode des ultradianen 4-Stunden-Rhythmus im Wechsel der circadianen Halbphasen ändert. Während der Tagesphase des Circadianrhythmus schwingt die ultradiane

Komponente wie zuvor mit einer Periode von vier Stunden. Im Verlauf der nächtlichen Halbphase aber wird diese Periode zunehmend gedehnt (Abb. 4–9, Mitte). Schließlich wird um den dritten Monat die circadiane Änderung des 4-Stunden-Rhythmus so stark, daß sich dessen Periode über die gesamte Nacht ausdehnt (Abb. 4–9, oben). Der rasche 50-Minuten-Zyklus aber läuft in all diesen Entwicklungsabschnitten durch Wach- und Schlafphasen fort.

Im Zusammenspiel dieser drei endogenen Rhythmen werden Abschnitte des Schlafes im Wechsel mit denen des Wachens zeitlich geordnet und die Folge der *REM-* und *NREM-Phasen* in dieses Grundmuster eingefügt. Im Übergang vom Schlaf zum Wachen öffnet das Gehirn sensorische Schleusen für den Einstrom zahlreicher, neuartiger Reize der frühen Umwelt des Kindes. Es schließt diese Schleusen zu Beginn der nächsten Schlafphase. Das innere „Uhrwerk" ultradianer und circadianer Rhythmen reguliert so den Strom der Umweltreize nach einem endogenen Zeitplan und schafft mit den Stadien des Schlafes Zeitabschnitte, in denen das reifende Gehirn frische Erfahrungen nachbearbeitet, sie in dauerhafte Gedächtnisspuren umsetzt und bereits bestehenden hinzufügt.

Das Muster der Schlaf-Wach-Regulation ist während der ersten Lebenswochen durch die Periodik der ultradianen Komponente bestimmt. Noch vermag das Nervensystem des Neugeborenen den Zustand des Wachens nicht lange aufrechtzuerhalten. Die ersten Eindrücke der frühkindlichen Umwelt empfängt das reifende Gehirn in ultradianen Perioden von circa vier Stunden. Entwickelt sich schließlich im Laufe der ersten Lebensmonate neben dem ultradianen Rhythmus ein circadianer, wird dem gesamten Schlaf-Wach-Muster nach und nach eine tagesperiodische Gliederung aufgeprägt. Die Muster des Schlafens und Wachens zeigen an, daß die Reifung des Gehirns im Laufe der ersten Lebensmonate bei verschiedenen Kindern unterschiedlich rasch voranschreitet.

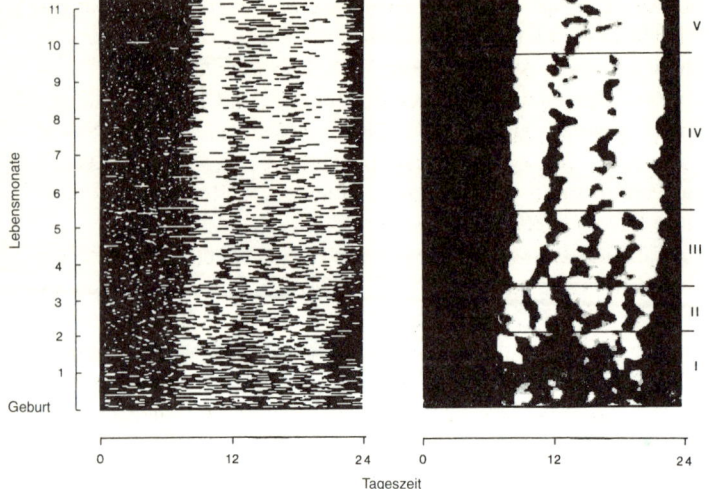

Abb. 4–10: a) Zeitkarte des Schlaf-Wach-Verhaltens des Kindes *Aurelia* für den Zeitraum der ersten 340 Lebenstage. b) Gefilterte Daten – weiße Zonen: gehäuftes Wachen, schwarze Zonen: gehäufter Schlaf. Das Muster zeigt eine stufenartige Entwicklung des Schlaf-Wach-Verhaltens.

Kaskadensprünge

Wir können diese Entwicklung durch das erste Lebensjahr weiter verfolgen und betrachten dazu die Zeitkarte des Kindes *Aurelia* (Abb. 4–10a). In ihr sind die lückenlos erhobenen Daten seiner ersten 340 Lebenstage verdichtet. Ähnlich den bereits in Abb. 4–6 gezeigten Mustern verteilen sich die kurzen Schlaf- und Wachphasen der ersten Lebenswochen scheinbar ungeordnet über die Tageszeit. Dann werden die Wachphasen zur Nacht seltener und kürzer, die Schlafabschnitte dagegen häufiger und länger. Die aufkeimende Circadianperiodik scheidet das helle Band einer „Milchstraße" von einem dunklen Hintergrund. Innerhalb der „Milchstraße" zeichnen sich ultradiane Rhythmen in Form einer fächerartigen Feinstruktur heller und dunkler Streifen ab. Unschwer läßt sie sich erkennen, wenn man die Zeitkarte vor Augen hat und dabei etwas blinzelt.

Diese Feinstruktur spiegelt eine bemerkenswerte Entwicklungsdynamik wider.

Wir werden der Feinstruktur schärfere Konturen geben und lassen wiederum ein kleines Fenster über die Zeilen der Zeitkarte gleiten, darin die Anzahl aufscheinender Wachphasen gemittelt wird. In einer zweiten Zeitkarte heben wir die unterschiedlichen Häufungsgrade der Wachphasen in Form verschiedener Helligkeitsstufen hervor (Abb. 4–10b). Helle Zonen stehen für Zeitabschnitte überwiegenden Wachens. Jenseits des ersten Monats hat sich eine Circadianperiodik eingestellt. Man erkennt das breite, helle Band. Innerhalb dieses Bandes verlaufen dunkle Streifen und bilden ein fächerartiges Muster, welches sich in diskrete Entwicklungsstufen gliedert: Während der ersten zwei Monate verteilen sich helle Fleckchen scheinbar ungeordnet über die gesamte Tageszeit (Entwicklungsstufe I). Dann tauchen zu Beginn des dritten Monats erste deutliche Ultradianperioden auf. Die Wachphasen verdichten sich in fünf hellen Streifen (Entwicklungsstufe II). Nach dem Beginn des vierten Monats verschwindet der fünfte und die Feinstruktur enthält nur noch vier weiße Streifen (Entwicklungsstufe III). Nach dem Beginn des sechsten Monats schlägt auch dieses Muster in ein neues um, welches nur drei weiße Streifen enthält (Entwicklungsstufe IV). Dieses Muster besteht bis zur Mitte des neunten Monats. Ein letztes gliedert sich schließlich nur noch in zwei weiße Streifen, die eine Dunkelzone trennt (Entwicklungsstufe V).

Jedes dieser Muster bleibt für einen längeren Zeitabschnitt von Wochen und Monaten unverändert bestehen, schlägt dann aber innerhalb weniger Tage in das nächste um. Offensichtlich schreitet die Entwicklung des kindlichen Schlaf-Wach-Verhaltens auf lange Zeit gesehen nicht gleichmäßig voran, sondern verläuft, dem Wasser eines Kaskadenbrunnens vergleichbar, über eine Folge deutlich abgesetzter Stufen.

Das Gehirn enthält verschiedene Teilsysteme, deren neuronale und neuroendokrine Aktivitäten dazu beitragen, Schlaf und Wachen zu regulieren. Sie wechselwirken untereinander und bilden ein komplexes Gesamtsystem, welches verschiedene

Rhythmen hervorbringt. Diese oszillatorischen Zustände spiegelt das Muster der Zeitkarte des Schlaf-Wach-Verhaltens wider. Im Laufe der postnatalen Reifung des Nervensystems werden die Teilsysteme zunehmend fester aneinandergekoppelt. Es ist, als bände eine wachsende Kopplungskraft anfangs locker zusammengefügte Teile von Tag zu Tag fester aneinander. Dies mag sich langsam im Fortgang des ersten Lebensjahres vollziehen. Überraschenderweise aber ändert sich der Funktionszustand des gesamten Systems an bestimmten Punkten der Altersskala sprungartig. Derart rasche Änderungen eines Funktionszustandes sind charakteristische Merkmale sogenannter nicht-linearer Systeme. Die Physik liefert ein geläufiges Analogon: Wasser besteht aus vielen molekularen Teilchen zwischen denen nicht-lineare Bindungskräfte wirken. Die innere Energie des Vielteilchensystems „Wasser" entspricht seiner Temperatur. Sie kann von Minusgraden bis zu beliebig hohen Werten langsam und stetig erhöht werden. Der Zustand des Systems aber ändert sich an bestimmten Punkten der Temperaturskala sprungartig. Bei Null Grad Celsius löst sich der feste molekulare Verband und Eis wird flüssig. Bei 100 Grad Celsius geht Wasser als Dampf in seine Gasphase über. An beiden kritischen Temperaturpunkten verzweigt sich der Weg, den das System nehmen kann: Unterhalb des Gefrierpunktes führt er in den festen, oberhalb in den flüssigen Zustand. Solche kritischen Werte einer Systemgröße heißen daher *Verzweigungs-* oder *Bifurkationspunkte*.

Sollten beispielsweise die Faserverbindungen neuronaler Teilsysteme im Laufe der postnatalen Reifung zahlreicher werden, wächst auch die Stärke ihrer Wechselwirkungen als Systemgröße an. An bestimmten Punkten der Altersskala kann diese Systemgröße kritische Werte annehmen, die das gesamte System veranlassen, seinen bestehenden, oszillatorischen Zustand zu verlassen und sprungartig in einen anderen zu wechseln.

Schließlich muß eine weitere Eigenschaft nicht-linearer Systeme genannt werden: Sie bringen neben unterschiedlichen, oszillatorischen Zustandsformen auch komplexe Fluktuationen hervor. Solche Fluktuationen gehorchen zwar dem integralen

Gesetz der Dynamik des Systems, erscheinen aber wie zufällige Variationen, deren weitere Entwicklung nicht vorausgesagt werden kann. Man nennt diesen Zustand *deterministisches Chaos*.

Es scheint, als begänne die Entwicklung des menschlichen Schlaf-Wach-Verhaltens in einem solchen chaotischen Zustand (Abb. 4–10, Entwicklungsstufe I). Das System der Schlaf-Wach-Regulation eines neugeborenen Kindes erzeugt anfangs chaotische, also scheinbar ungeordnete Folgen von Schlaf und Wachen. Diesen chaotischen Zustand verläßt es nach einigen Wochen und bildet ein erstes Muster ultradianer Periodizität (Abb. 4–10, Entwicklungsstufe II). Schließlich durchläuft das System im ersten Lebensjahr eine *Bifurkationskaskade*. Jeder Sprung über einen Bifurkationspunkt verringert die Anzahl ultradianer Perioden um je eine Periode (Abb. 4–10, Entwicklungsstufen III–V). Schließlich verschwinden ultradiane Periodizitäten jenseits des ersten Lebensjahres. Es herrscht fortan allein die circadiane Komponente. Das Schlaf-Wach-Muster des Kindes *Aurelia* gibt uns ein Beispiel, auf welche Weise die nicht-lineare System- und Chaos-Theorie zum Verständnis der komplexen Dynamik eines endogenen, biologischen „Uhrwerks" beitragen kann.

Man darf sich die Entwicklungsdynamik des Schlaf-Wach-Verhaltens nach Art eines Filmes ablaufend vorstellen. Spulen wir diesen Film rückwärts ab, sehen wir die Circadianperiodik nach und nach verfallen. Ihr mengen sich zunächst ultradiane Rhythmen zunehmend höherer Frequenz und kleiner werdender Periodenlänge bei. Schließlich haben rasche, unregelmäßige Folgen den anfangs dominanten Circadianrhythmus zur Gänze verdrängt. Dieses Muster des allmählichen Zerfalls der Tag-Nacht-Periodik von Schlaf und Wachen kann oft bei hochbetagten Menschen beobachtet werden. Vielfach aber begleitet ein Verfall circadianer Rhythmen das fortgeschrittene Stadium der Alzheimer-Erkrankung (Aharon-Peretz et al., 1991). So mag es sein, daß unser Schlaf-Wach-Verhalten in hohem Alter der gleichen chaotischen Zeitstruktur folgt, die einst Ausgangspunkt seiner postnatalen Entwicklung gewesen war. Hatte die vorwärtslaufende Dynamik des Schlaf-Wach-Verhaltens die zunehmende Reifung und Selbstorganisation des menschlichen Gehirnes abgebildet, spiegelt sie rückwärtsgerichtet dessen altersbedingten Zerfall wider.

5. Anhang

Literaturverzeichnis

Aharon-Peretz, I., Masiah A., Pillar, T., Epstein, R., Tzischinsky, O. and Lavie, P. (1991): *Sleep-wake-cycles in multi-infarct dementia and dementia of the Alzheimer type.* Neurology, 41, 1616–1619

Anders, T. and Roffwarg, P. (1973): *The relationship between maternal and neonatal sleep.* Neuropädiatrie 4, 151–161

Aserinsky, E. and Kleitman, N. (1953): *Regularly occuring periods of eye motility and concomitant phenomena during sleep.* Science 118, 273

Aserinsky, E. and Kleitman, N. (1955): *A motility cycle in sleeping infants as manifest by ocular and gross bodily activity.* J. appl. Psychol. 8, 11–18

Birnholz, J. C. and Benacerraf, B. R. (1983): *The development of human fetal hearing.* Science 222, 517–519

Brandenberger, G. (1992): *Endocrine ultradian rhythms during sleep and wakefulness.* In: Ultradian rhythms in life processes. Lloyd, D. and Rossi, E. L. (Eds.), New York, Berlin, Heidelberg, 123–138

Cilveti, R., Escera, C., Polo, M. D. and Grau, C. (1993): *Persistence of ultradian rhythms in 5 and 15 recording minutes of human unrestrained mobility.* Med. Sci. Res. 21, 53–54

Daan, S. and Slopsema, S. (1978): *Short-term rhythms in foraging behaviour of the common vole, Microtus arvalis.* J. comp. Physiol. 127, 215–227

DeCasper, A. J. and Fifer, W. P. (1980): *Of human bonding: Newborns prefer their mother's voices.* Science 208, 1174–1176

DeCasper, A. J. and Prescott, P. A. (1984): *Human newborn's perception of male voices: Preference, discrimination and reinforcing value.* Developmental Psychobiology 17(5), 481–491

DeCasper, A. J. and Spence, M. J. (1986): *Prenatal maternal speech influences newborn's perception of speech sounds.* Infant behavior and development 9, 133–150

Delgado, J. M. R., Del Pozo, F., Montero, P., Monteagudo, J. L., O'Keeffe, T. and Kline, N. S. (1978): *Behavioral rhythms of gibbons on Hall's island.* J. interdiscipl. Cycle Res. 9, 147–168

Delgado-Garcia, J. M., Grau, C., DeFeudis, P., Del Pozo, F., Jimenez, J. M. and Delgado, J. M. R. (1976): *Ultradian rhythms in the mobility and behavior of rhesus monkeys.* Exp. Brain Res. 25, 79–91

Frisch, K. v. (1967): *The dance language and orientation of bees.* Cambridge, MA.

Gardner, R. A., Gardner, B. T. and van Cantfort, T. E. (1989): *Teaching sign language to chimpanzees.* New York

Gesell, A. and Amatruda, C. S. (1945): *The embryology of behavior. The beginnings of the human mind.* New York

Gerkema, M. P. and Daan, S. (1985): *Ultradian rhythms in behavior: the case of the common vole (Microtus arvalis).* Exp. Brain Res., Suppl. 12. Berlin, Heidelberg

Grau, C., Escera, C. and Segarra, M. D. (1988): *Ultradian rhythms in human mobility.* Med. Sci. Res. 16, 1155–1156

Hellbrügge, T., Ehrengut-Lange, J., Rutenfranz, J. and Stehr, K. (1964): *Circadian periodicity of physiological functions in different stages of infancy and childhood.* Ann. N. Y. Acad. Sci. 117, 361–373

Isaac, G. (1980): *Casting the net wide: A review of archeological evidence for early hominid land-use and ecological relations.* In: Current argument on early man. Report from a Nobel symposium. Königsson, L.-K. (Ed.), Oxford, New York, Toronto, 226–251

Johanson, D. C. and Edey, M. (1981): *Lucy: The beginnings of humankind.* New York, Simon and Schuster. Deutsche Ausgabe (1982): *Lucy: Die Anfänge der Menscheit,* München

Kleitman, N. (1963): *Sleep and wakefulness.* Chicago

Kleitman, N. and Engelmann, T. G. (1953): *Sleep characteristics of infants.* J. Appl. Physiol. 6, 269–282

Kronauer, R. E., Czeisler, C. A., Pilato S. F., Moore-Ede, M. C. and Weitzman, E. D. (1982): *Mathematical model of the human circadian system with two interacting oscillators.* Am. J. Physiol. Reg. Int. Comp. Physiol. 11: R3-R17

Leakey, R. E. (1981): *The making of mankind.* Deutsche Ausgabe (1981): *Die Suche nach dem Menschen.* Frankfurt/Main

Leconte, P., Hennevin, E. and Bloch, V. (1974): *Duration of paradoxical sleep necessary for the acquisition of conditioned avoidance in the rat.* Physiol. Behav. 13, 675–681

Lovejoy, C. D. (1981): *The origin of man.* Science 211, 341–350

Marshak, A. (1972): *The Roots of Civilisation.* New York, Toronto, Düsseldorf

Meier-Koll, A. (1979): *Interactions of endogenous rhythms during postnatal development. Observations of behavior and polygraphic studies in one normal infant.* Int. J. Chronobiology 6, 179–189

Meier-Koll, A., Hall, U., Kott, G. and Meier-Koll, V. (1978): *A biological oscillator system and the development of sleep-waking behavior during early infancy.* Chronobiologia 5, 425–440

Meier-Koll, A. (1992): *Ultradian behaviour cycles in humans: Developmental and social aspects.* In: Ultradian Rhythms in Life Processes. Lloyd, D. and Rossi, E. L. (Eds.), New York, Berlin Heidelberg, 243–281

Meier-Koll, A. and Schardl, B. (1994): *Ultradian behaviour cycles in a village community of Colombian indians.* J. Biosocial Science 26, 479–492

Meier-Koll, A., Bohl, E., Schardl, B. and Novacek, F. (1995): *The adaptive significance of social synchronization of ultradian behaviour cycles: A computer model*. J. Biosocial Science (im Druck)

O'Keefe, J. and Speakman, A. (1987): *Single unit activity in the rat hippocampus during a spatial memory task*. Exp. Brain Res. 68, 1–27

Parmelee, A. H. jr. (1961): *Sleep patterns in infancy. A study of one infant from birth to eight months of age*. Acta paediatr. 50, 160–170

Paul, K. and Dittrichova, J. (1975): *Sleep patterns following learning in infants*. In : Sleep 2nd Europ. Congr. Sleep Res., Rome, Basel, 388–390

Pavlides, C. and Winson, J. (1989): *Influences of hippocampal place cell firing in the awake state on the activity of these cells during subsequent sleep episodes*. J. Neuroscience 9(8), 2907–2918

Potts, R. (1984): *Home base and early hominids*. American Scientist 72, 338–347

Premack, D. (1976): *Intelligence in ape and man*. Hillsdale

Querleu, D. and Renar, X. (1981): *Les perceptions du foetus humain*. Med. Hyg. 39, 2102–2110

Querleu, D., Renard, X. and Crepin, G. (1981): *Perception auditive et reactivite foetal aux stimulations sonores*. J. Gyn. Obstet. Biol. Repr. 10, 307–314

Ralph, M. R., Foster, R. G., Davis, F. C. and Menaker, M. (1990): *Transplanted suprachiasmatic nucleus determines circadian period*. Science 247, 975–978

Reynolds, P. C. (1983): *Ape constructional ability and the origin of linguistic structure*. In: Glossogenetics: The origin and evolution of language. E. De Grolier (Ed.), New York, 185–200

Roffwarg, H. P., Muzio, J. Y. and Dement, W. C. (1966): *Ontogenetic development of the human sleep-dream cycle*. Science 192, 602–619

Savage-Rumbaugh, S., McDonald, K., Sevick, R. A., Hopkins, W. D. and Rubert, E. (1986): *Spontaneous symbol acquisition and communication use by pygmy chimpanzees (Pan paniscus)*. J. exp. Psychol., gen. 115, 211–235

Seyfarth, R. M., Cheney, D. L. and Marler, P. (1980): *Monkey responses to three different alarm calls: evidence of predator classification and semantic communication*. Science 210, 801–803

Sterman, M. B. and Hoppenbrouwers, T. (1971): *The development of sleep-waking and rest-activity patterns from fetus to adult in man*. In: Brain Development and behaviour. Sterman, M. B., McGinty, D. J., Adinolfi, A. M. (Eds.), New York, 203–227

Strogatz, S. (1986): *The mathematical structure of the human sleep-wake cycle*. In: Lecture notes in biomathematics, vol. 69, S. Levin (Ed.), Berlin

Struhsaker, T. T. and Oates, J. F. (1979): *Comparison of the behaviour and ecology of red Colobus and black-and-white Colobus monkeys in Uganda: A summary*. In: Primate ecology: Problem-oriented field studies. R. W. Sussman (Ed.), New York, 165–186

Terrace, H. S. (1979): *Nim: A chimpanzee who learned sign language.* New York

Truman, J. W.(1971): *Circadian rhythms and physiology with special reference to neuroendocrine processes in insects.* In: Proceedings of the international symposium on circadian rhythmicity. Wageningen (Netherlands), 111–135

Walker, D., Grimwade, J. and Wood, C. (1971): *Intrauterine noise: A component of the fetal environment.* Am. J. Obstet. Syn. 109, 91–95

Wehr, T. (1992): *A brain-warming function for REM sleep.* Neuroscience and Behavioral Reviews 16, 379–397

Wehr, T. and Goodwin F. K. (1983): *Biological rhythms in manic-depressive illness.* In: Circadian rhythms in psychiatry. Wehr, T. and Goodwin, F. K. (Eds.), Pacific Grove, 129–184

Wever, R. (1979): *The circadian system of man: Results of experiments under temporal isolation.* New York

Wilson, M. A. and McNaughton, B. L. (1994): *Reaction of hippocampal ensemble memories during sleep.* Science 265, 676–679

Winson, J. (1991): *Neurobiologie des Träumens.* Spektrum d. Wissenschaft, 126–134

Wollnik, F. and Turek, F. (1989): *SCN lesions abolish ultradian and circadian comonents of activity rhythms in LEW/Ztm rats.* Americ. J. Physiol. 256 R1027-R1039

Wollnik, F., Gärtner, K. and Büttner, D. (1987): *Genetic analysis of circadian and ultradian locomotor activity rhythms in laboratory rats.* Behavior Genetics 17, 167–178

Glossar

ACTH – ein Hormon der Hirnanhangdrüse zur Steuerung der Aktivität der Nebennierenrinde

Akrophase – Zeitspanne zwischen Null Uhr und dem Zeitpunkt, an welchem die Körpertemperatur ihr Tagesmaximum erreicht

Bifurkationspunkt – Verzweigungspunkt, an welchem ein System von einem Zustand in einen anderen übergeht

Chiasma – Überkreuzung der Sehnerven

Circadianrhythmus – Rhythmus mit einer Periode von ungefähr 24 Stunden

Circadianer Oszillator (stark/schwach) – Teile des Gehirnes, welche die circadiane Periodik der Körpertemperatur (stark) und des Schlaf-Wach-Verhaltens (schwach) steuern

Cortisol – ein Hormon der Nebennierenrinde

Endogene Aktivität – vom Körper selbst erzeugte Aktivität

Endokrine Aktivität – Tätigkeit verschiedener Drüsen

Hippocampus – Teil des Gehirnes, der wesentlich an Lern- und Gedächtnisleistungen beteiligt ist
Hominide – aufrechtgehender Vorläufer des heutigen Menschen
Interne Desynchronisation – Entkoppelung der circadianen Rhythmen von Körpertemperatur und Schlaf-Wach-Verhalten
intrauterin – im Mutterleib
Läsion – (experimentelle) Verletzung oder Entfernung von Hirngewebe
Lokomotion – Fortbewegung
manisch-depressive Erkrankung – psychiatrische Erkrankung (Zyklothymie) mit Stimmungswechsel zwischen Hochgefühl und Niedergeschlagenheit
Metabolismus – Stoffwechsel
Miozän – Erdzeitalter von 25–10 Millionen Jahren vor der Gegenwart
Motilität – Bewegungsaktivität
Mutante – Organismus mit veränderten Genen
Neolithikum – Neusteinzeit, 8. Jahrtausend bis ca. 1800 v. Chr.
Neuron – Nervenzelle
Neuronale Aktivität – Folge elektrischer Spannungsimpulse einer Nervenzelle
Neurochemische Aktivität – Abgabe und Aufnahme chemischer Botenstoffen durch die Nervenzellen
neuroendokrine Aktivität – Abgabe von Hormonen durch Nerven- und Drüsenzellen
Neurophysiologie – Lehre von den Funktionen des Nervensystems
Nucleus (Kern) – Anhäufung von Nervenzellen
Oszillator – System, welches selbsttätig Schwingungen erzeugt
Paläolithikum – Altsteinzeit, etwa 2 Mio. bis ca. 8000 v. Chr.
Plasmarenin – im Blutplasma gelöstes Renin
Pleistozän – Erdzeitalter von 2 Millionen Jahren bis zur Gegenwart
REM – Abkürzung für Rapid Eye Movements (schnelle Augenbewegungen)
REM-Stadium – Schlafphase, in der rasche Augenbewegungen beobachtet werden; geht meist mit Träumen einher
Renin – ein Ferment der Niere, welches den Blutdruck reguliert
Spektralamplitude – ein Maß für die Stärke einer Schwingung
Suprachiasmatischer Nucleus (SCN) – eine Anhäufung von Nervenzellen über der Kreuzung beider Sehnerven; der SCN steuert circadiane Rhythmen
Ultradianrhythmus – Rhythmus mit Perioden von weniger als 20 Stunden (meist mit Perioden zwischen 1½ und 4 Stunden)
Verschiebung – die Fähigkeit Gegenstände und Ereignisse außerhalb der Gegenwart benennen zu können
Zeitkonzept – der Begriff von Zeit

Abbildungsverzeichnis

Abb. 1–1: Jahreszeit-Komposition auf der Geweihsprosse eines Rentieres, nach: Marshak, A. (1972): The Roots of Civilisation. New York, Toronto, Düsseldorf (S. 170).

Abb. 1–2: Verhaltensprofile. Rohdaten und Zeitreihen, nach: Meier-Koll, A. and Schardl, B. (1994): Ultradian behaviour cycles in a village community of Columbian indians. J. Biosocial Science 26, 479–492 (S. 482, 485).

Abb. 1–3: Grundriß des Dorfes Corocito und Lokomotionsprofile von 9 Personen. Eigene Darstellung.

Abb. 1–4: Zeitreihen und Spektren für Gruppenlokomotion und soziale Aggregation, nach: Meier-Koll, A. and Schardl, B. (1994): Ultradian behaviour cycles in a village community of Columbian indians. J. Biosocial Science 26, 479–492 (S. 489).

Abb. 1–5: Motilitätsrhythmus eines erwachsenen, männlichen Rhesusaffen unter verschiedenen Bedingungen, nach: Delgado-Garcia, J. M., Grau, C., DeFeudis, P., Del Pozo, F., Jimenez, J. M. and Delgado, J. M. R. (1976): Ultradian rhythms in the motility and behavior of rhesus monkeys. Exp. Brain Res. 25, 79–91 (S. 82).

Abb. 1–6: Soziale Synchronisation von Motilitätsrhythmen, nach: Delgado, J. M. R., Del Pozo, F., Montero, P., Monteagudo, J. L., O'Keeffe, T. and Kline, N. S. (1978): Behavioral rhythms of gibbons on Hall's island. J. interdiscipl. Cycle Res. 9, 147–168 (S. 153).

Abb. 1–7: Oszillationen der Serumkonzentration von Cortisol und ACTH, nach: Brandenberger, G. (1992): Endocrine ultradian rhythms during sleep and wakefulness, Ultradian rhythms in life process. Lloyd, D. and Rossi, E. L. (Eds.), New York, Berlin, Heidelberg, 123–138 (S. 126).

Abb. 1–8: Schwankungen der Serumkonzentration des Hormons Renin, nach: Brandenberger, G. (1992): Endocrine ultradian rhythms during sleep and wakefulness, Ultradian rhythms in life process. Lloyd, D. and Rossi, E. L. (Eds.), New York, Berlin, Heidelberg, 123–138 (S. 129).

Abb. 1–9: Prinzip der Computersimulation des Dorfes ‚Corocito', nach: Meier-Koll, A., Bohl, E., Schardl, B. and Novacek, F. (1995): The adaptive significance of social synchronization of ultradian behaviour cycles: A computer model. J. Biosocial Science (im Druck).

Abb. 2–1: Das Gehirn als Zeitschaltuhr des Verhaltens, nach: Truman, J. W. (1974): Circadian Release of a Prepatterned Neural Program in Silkmoths, in: The Neurosciences. Schmitt, F. O. and Worden, F. G. (Eds.), Cambridge/Massachusetts, London, 525–542 (S. 526).

Abb. 2–2: 2-Stunden-Periodik der Fangraten freilebender Wühlmäuse, nach: Daan, S. and Slopsema, S. (1978): Short-term rhythms in foraging behaviour of the common vole, Microtus arvalis. Journal of comparative Physiology 127, 215–227 (S. 217).

Abb. 2–3: Aktivitätsmuster einer einzelnen Wühlmaus, nach: Gerkema, M. P. and Daan, S. (1985): Ultradian rhythms in behaviour: The case of the common vole (Microtus arvalis). Exp. Brain Res., Suppl. 12 (S. 20).

Abb. 2–4: Ultradiane 2-Stunden-Periodik der lokomotorischen Gruppenaktivität dreier Wühlmäuse, nach: Daan, S. and Slopsema, S. (1978): Short-term rhythms in foraging behaviour of the common vole, Microtus arvalis. Journal of comparative Physiology 127, 215–227 (S. 220).

Abb. 2–5: Erlöschen von circadianer und ultradianer Periodik der lokomotorischen Aktivität einer Ratte, nach: Wollnik, F. and Turek, F. (1989): SCN lesions abolish ultradian and circadian components of activity rhythms in LEW/Ztm rats. Americ. J. Physiol. 256, R1027–1039 (S. R1030, R1032).

Abb. 2–6: Unterschiedliche Circadianrhythmen der motorischen Aktivität zweier Hamster, nach: Ralph, M. R., Foster, R. G., Davis, F. C. and Menaker, M. (1990): Transplanted suprachiasmatic nucleus determines circadian period. Science 247, 975–978 (S. 976). © 1990, American Association for the Advancement of Science.

Abb. 3–1: Zeitstruktur einer Zyklothymie, nach: Wehr, T. and Goodwin, F. K. (1983): Biological rhythms in manic-depressive illness, Circadian rhythms in psychiatry. Wehr, T. and Goodwin, F. K. (Eds.), Pacific Grove, 129–184 (S. 149, 150).

Abb. 3–2: Zeitkarten des Schlaf-Wach-Verhaltens von sechs Männern, nach: Strogatz, S. (1986): The mathematical structure of the human sleep-wake cycle, Lecture notes in biomathematics, vol. 69, Levin, S. (Ed.), Berlin (S. 13).

Abb. 3–3: Zirkadiane Rhythmen des Menschen, nach: Aschoff, J. (1979): Biologische Rhythmen: Einflüsse auf individuelle Aktionen und Reaktionen, 12. Deidesheimer Gespräch am 22./23. April 1978, Aulendorf, 109–126 (S. 114).

Abb. 3–4: Computersimulation eines Systems zweier Circadianrhythmen, nach: Kronauer, R. E., Czeisler, C. A., Pilato, S. F., Moore-Ede, M. C. and Weitzman, E. D. (1982): Mathematical model of the human circadian system with two interacting oscillators. Am. J. Physiol. Reg. Int. Comp. Physiol. 11, R3–R17 (S. R10).

Abb. 3–5: Stammesgeschichte des REM-Schlafes, nach: Winson, J. (1991): Neurobiologie des Träumens, Spektrum der Wissenschaft, 126–134 (S. 130).

Abb. 4–1: Bewegungsaktivitäten des gesunden Kindes *Aurelia*. Eigene Darstellung.

Abb. 4–2: Synchronisation des fötalen Aktivitätszyklus mit den REM-Phasen einer Schwangeren, nach: Sterman, M. B. and Hoppenbrouwers, T. (1971): The development of sleep-waking and rest-activity patterns from fetus to adult in man. Sterman, M. B., McGinty, D. J., Adinolfi, A. M. (Eds.), New York, 203–227 (S. 223).

Abb. 4–3: Sequenz der REM- und NREM-Phasen eines Neugeborenen und seiner Mutter, nach: Anders, T. and Roffwarg, P. (1973): The relationship between maternal and neonatal sleep. Neuropädiatrie 4, 151–161 (S. 155).

Abb. 4–4: Zeitkarte der Wachphasen und Schlafstadien eines gesunden Neugeborenen, nach: Meier-Koll, A. (1979): Interactions of endogenous rhythms during postnatal development. Observations of behavior and polygraphic studies in one normal infant. Int. J. Chronobiology 6, 179–189 (S. 184, 187).

Abb. 4–5: Schematische Darstellung der zeitlichen Phasenbeziehung des 50-Minuten-Zyklus der *REM-Phasen* zu den Wachphasen. Eigene Darstellung.

Abb. 4–6: Zeitkarten des Schlaf-Wach-Verhaltens von drei Säuglingen, die nach dem *self-demand-Prinzip* gepflegt wurden, nach: Kleitmann, N. and Engelmann, T. G. (1953): Sleep characteristics of infants. J. Appl. Physiol. 6, 269–282 (S. 277); Parmelee, A. H. jr. (1961): Sleep patterns in infancy. A study of one infant from birth to eight months of age. Acta paediatr. 50, 160–170 (S. 161, 162, 165, 166, 167).

Abb. 4–7: Zeitkarte des Schlaf-Wach-Verhaltens des gesunden Säuglings *Korbi,* nach: Meier-Koll, A., Hall, U., Kott, G. and Meier-Koll, V. (1978): A biological oscillator system and the development of sleep-waking behavior during early infancy. Chronobiologia 5, 425–440 (S. 428, 429).

Abb. 4–8: Theoretisches und empirisches Relief der Kumulationsdichte von Wachphasen des Kindes *Korbi,* nach: Meier-Koll, A., Hall, U., Kott, G. and Meier-Koll, V. (1978): A biological oscillator system and the development of sleep-waking behavior during early infancy. Chronobiologia 5, 425–440 (S. 436, 437).

Abb. 4–9: Schematische Darstellungen des Zusammenwirkens dreier endogener Rhythmen in verschiedenen Monaten der postnatalen Entwicklung, nach: Meier-Koll, A. (1979): Interactions of endogenous rhythms during postnatal development. Observations of behavior and polygraphic studies in one normal infant. Int. J. Chronobiology 6, 179–189 (S. 188).

Abb. 4–10: Zeitkarte des Schlaf-Wach-Verhaltens des Kindes *Aurelia* für den Zeitraum der ersten 340 Lebenstage. Eigene Darstellung.

Register

Adreno-Corticoides Hormon (ACTH) 31
Akrophase 56 ff., 70
Aktivitätsprofil 19
Alzheimer-Erkrankung 111 f.
Basic-Rest-Activity-Cycle (BRAC) 93
Beuteltiere 76
Bifurkationskaskade 110 f.
Bifurkationspunkte 110
Chiasma 51
Circadiane Rhythmen/Periodizitäten 48 ff., 54, 60 ff., 81, 98 f., 103 ff., 107, 111
Cortisol 31
Deterministisches Chaos 111
Elektroenzephalogramm (EEG) 56 ff., 71, 75, 76, 86, 90
Engramme 83
„Eulen" 63
Fötaler Motilitätszyklus 86
Glucose 73
Gruppenlokomotion 23 ff.
Hippocampus 79 f.
Hominiden 14
Homo erectus 15
Interne Desynchronisation 64 f., 69
Jahreszeit-Komposition 10
Kindsbewegungen 83
Laborbunker 60
„Lerchen" 63
Manisch-depressiver Zyklus 56
„Milchstraße" 99 ff., 108
Miozän 13
Motilität 27 ff., 32, 36, 44, 85 ff.
Mutanten 54
Neandertaler 16
Neurophysiologie 96

Nicht-lineare Systeme 110
NREM-Schlaf, -Phase 72, 87 ff., 104 f.
Ortszellen 79
Paläolithikum 10
Placentatiere 76
Pleistozän 16
Plasmarenin 31
Positron-Emissionstomographie (PET) 73
Postnatale Reifung 102
Pränatale Prägung 83
REM-Latenz 59 ff., 70
REM-Schlaf 59 ff., 71 ff., 75 ff., 78 ff., 86, 87 ff., 94, 96, 104 f.
Rooming-in 98
Ruhe-Aktivitäts-Zyklus 93
Self-demand-Prinzip 98
Schlafforschung 96
Schlaf-Wach-Rhythmus 64, 89, 95 ff., 101 f., 102 ff., 111 f.
Soziale Aggregation 24
Soziale Synchronisation 29
Spektrum 24
Suprachiasmatischer Nucleus (SCN) 51 ff.
Synchronisatoren 64
Temperaturrhythmus 66
Ultradiane Rhythmen 48 ff., 75, 78, 81, 98, 103 ff., 111
Verhaltenszyklen 27, 32, 50
Verschiebung 11 ff.
Vervetaffen 11 f.
Wühlmaus 44 ff.
Zeitgeber 64
Zeitkarte 61 ff.
Zeitreihen 19
Zeitschaltprogramm 41 ff.
Zyklothymie 55 ff., 69 ff.

Buchanzeigen

Naturwissenschaft und Philosophie
(Eine Auswahl)

Günther Anders
Die atomare Drohung
Radikale Überlegungen zum atomaren Zeitalter
6., durch ein Vorwort erweiterte Auflage von „Endzeit und Zeitende"
1993. XIV, 221 Seiten. Paperback
(Beck'sche Reihe Band 238)

Günther Anders
Der Blick vom Mond
Reflexionen über Weltraumflüge
2. Auflage. 1994. 190 Seiten. Paperback
(Beck'sche Reihe Band 1056)

Günther Anders
Hiroshima ist überall
Tagebuch aus Hiroshima und Nagasaki
Briefwechsel mit dem Hiroshima-Piloten Claude Eatherly
Rede über die drei Weltkriege
Unveränderter Nachdruck der Originalausgabe
1995. XXXVI, 394 Seiten mit 3 Abbildungen. Paperback
(Beck'sche Reihe Band 1112)

Jürgen Audretsch (Hrsg.)
Die andere Hälfte der Wahrheit
Naturwissenschaft, Philosophie, Religion
1992. 255 Seiten. Paperback
(Beck'sche Reihe Band 469)

Dietrich Böhler (Hrsg.)
Ethik für die Zukunft
Im Diskurs mit Hans Jonas
1994. 491 Seiten. Broschiert

Catherine Caufield
Das strahlende Zeitalter
Von der Entdeckung der Röntgenstrahlen bis Tschernobyl
Aus dem Amerikanischen von Sebastian Scholz
1993. 415 Seiten. Paperback
(Beck'sche Reihe Band 1025)

Verlag C. H. Beck München

Naturwissenschaft und Philosophie
(Eine Auswahl)

Pierre Teilhard de Chardin
Der Mensch im Kosmos
Aus dem Französischen von Othon Marbach
Unveränderter Nachdruck 1994 der bei C. H. Beck
erschienenen gebundenen deutschen Ausgabe von 1959
1994. 326 Seiten mit 4 Abbildungen. Paperback
(Beck'sche Reihe Band 1055)

Vittorio Hösle
Philosophie der ökologischen Krise
Moskauer Vorträge
2., um ein Nachwort erweiterte Auflage. 1994
155 Seiten. Paperback
(Beck'sche Reihe Band 432)

Peter Janich
Die Grenzen der Naturwissenschaft
Erkennen als Handeln
1992. 241 Seiten mit 4 Abbildungen. Paperback
(Beck'sche Reihe Band 463)

Carolyn Merchant
Der Tod der Natur
Ökologie, Frauen und neuzeitliche Naturwissenschaft
Aus dem Amerikanischen von Holger Fliessbach
2., unveränderte Auflage. 1994
323 Seiten mit 20 Abbildungen. Paperback
(Beck'sche Reihe Band 1084)

Uwe Schultz (Hrsg.)
Scheibe, Kugel, Schwarzes Loch
Die wissenschaftliche Eroberung des Kosmos
1990. 360 Seiten mit 63 Abbildungen. Broschiert

Volker Sommer
Lob der Lüge
Täuschung und Selbstbetrug bei Tier und Mensch
2., durchgesehene Auflage. 1993
240 Seiten mit 24 Abbildungen und 2 Tabellen. Leinen

Verlag C. H. Beck München